JN025979

ITエンジニアのための

強化学習理論入門

Reinforcement Learning for
Software Engineers

Pythonで学ぶアルゴリズムの動作原理

中井 悦司 著
Etsuji NAKAI

技術評論社

❖ はじめに

「Q LearningとSARSAの違いを説明してください。」皆さんは、この質問に即答できるでしょうか？ 本書を読めば、自信を持って答えられます！ ── と、謎の宣伝文句（？）から始まりましたが、少しばかり背景を説明しておきましょう。

2015年に『ITエンジニアのための機械学習理論入門』（技術評論社）を出版させていただいた後、驚くほどの勢いで機械学習の入門書が書店にあふれるようになりました。そしてまた、回帰モデルによる数値予測、分類モデルによる画像データの識別など、教師データを用いた機械学習モデル、いわゆる「教師あり学習」は、一般企業における活用が進みました。その一方で、エージェントが学習データを収集しながら学習処理を進める「強化学習」の利用は未だ敷居が高く、一般企業における活用は「まだこれから」という状況です。本書では、今後のスキルアップや強化学習の活用に向けた準備をしようと考えるITエンジニアの方々に向けて、強化学習のアルゴリズムを基礎から解説しています。

動的計画法による厳密解の導出方法から始まり、ニューラルネットワークと強化学習を組み合わせた「DQN (Deep Q Network)」まで、「強化学習がなぜうまくいくのか」という基本原理を解説します。Pythonで実装したコードをGoogle Colaboratoryで実行しながら、それぞれのアルゴリズムがどのように機能するのかを「実感して理解する」ことが本書の一貫したテーマです。既存の機械学習ライブラリをブラックボックスとして用いるのではなく、具体的な動作原理が確認できるように、すべてのアルゴリズムを一から実装しています。「三目並べ」や「あるけあるけゲーム」など、シンプルな題材を用いて、エージェント同士の対戦による相互学習や、実行時の先読みによる性能向上など、より実践的なテクニックにも触れています。

冒頭の「Q Learning」と「SARSA」は、どちらも強化学習の基礎的なアルゴリズムですが、機械学習の活用が広がるスピードを考えると、近い将来、機械学習に関わるITエンジニアの採用面接では、冒頭のような質問が「あたりまえ」になる日が近いのかも知れません。試験対策が本書の目的ではありませんが、一般的な「教師あり学習」の仕組みを学んだ上で、次のステップとして「強化学習」に取り組みたいと考える皆さんの知的好奇心を満たし、ITエンジニアとしての活動の幅を広げるきっかけが提供できれば、筆者にとってこの上ない喜びです。

2020年6月

中井 悦司

▓ 謝辞

　本書の執筆、出版にあたり、お世話になった方々にお礼を申し上げます。本書の構想は、国立情報学研究所「トップエスイー」の有志による勉強会がきっかけで生まれました。まずは、さまざまなテーマでの勉強会を継続してきたメンバーに感謝したいと思います。また、本書の原稿の査読を引き受けていただき、「レンタカー問題」の実装案についてのヒントをいただいたクラウドエース株式会社の有志の方々にもお礼を申し上げます。

　そして、本書の執筆・編集作業は、COVID-19に伴う外出自粛要請の中、物理的に顔を合わせての打ち合わせを一度も行うことなく、すべてリモートでのやり取りで行われました。これまで多数の書籍の執筆、出版を支援していただいたき、今回もまた「阿吽の呼吸」で出版に向けた作業を滞りなく進めていただいた技術評論社の池本公平氏に、改めて感謝いたします。

　上述のような事情で、この原稿もまた自宅の一室で書き進めています。ストレスの多い生活環境の中、家族の協力に支えられながら無事に出版にこぎ着けることができました。妻の真理と愛娘の歩実にも、今一度、感謝の言葉を送りたいと思います。「いつもありがとー！」

❖ 本書の読み方

　本書は、第1章から順に読み進めることで、強化学習の基礎となるアルゴリズムを体系的に学ぶことができます。一般に、強化学習の世界では、一定のルールに従って変化する環境を動き回るエージェントに対して、何らかの意味で最適な動きを決定する「行動ポリシー」を発見することが目標になります。この際、環境の変化を決めるルール、すなわち「環境モデル」が完全にわかっており、さらに、無尽蔵の計算処理を十分高速に実行できるという前提があれば、統計学的な意味で完璧な答えを得ることができます。

　ただし、強化学習を利用したい現実の問題では、ほとんどの場合、これらの前提は満たされません。現実の強化学習では、環境モデルの不完全性、あるいは、計算量が膨大になりすぎるという問題に対処する必要があり、これを実現するのが、Q-LearningやDQN（Deep Q Network）といったモダンな強化学習のアルゴリズムです。しかしながら、これらのアルゴリズムにおいても、前述の「完璧な答え」を得るためのアルゴリズムが重要な基礎となります。そこで本書では、「ポリシー反復法」や「価値反復法」などの完全解を求めるアルゴリズムを解説した上で、環境モデルが不明な場合、あるいは、計算量が膨大で完全解を求めるには時間がかかりすぎる場合に、これらの手法がどのように修正されるのかを見ていきます。

　まず、第1章では、強化学習の「Hello, World!」とも言えるバンディットアルゴリズムを例にして、強化学習の基本的な考え方を掴みます。その後の第2章、第3章では、環境の変化を記述する「環境モデル」がわかっているという前提で、完全解を得るためのアルゴリズムを解説します。その後、第4章では、環境モデルがわからない場合の学習手法である「SARSA」や「Q-Learning」を説明します。そして最後の第5章では、環境の状態数が多すぎて網羅的な計算ができない状況に対応する手法として、ニューラルネットワークで行動−状態価値関数を推定する方法（DQN）を解説します。

　各章では、それぞれのアルゴリズムをPythonで実装したノートブックを用いて解説を進めます。ノートブックの内容は、Google Colaboratoryで簡単に実行することができますので、実際にコードを実行しながら本文の解説を読み進めることをお勧めします。Colaboratoryは、オープンソースのJupyter NotebookをベースにしたGoogleのサービスで、Googleアカウントがあれば無償で利用できます。本書のノートブックは、GitHubの下記のリポジトリで公開されています。

- Google Colaboratory Notebooks for Reinforcement Learning Book
  https://github.com/enakai00/colab_rlbook

それぞれのノートブックでは、いくつかの具体的な問題を強化学習で解いていますが、「3.3.2 レンタカー問題」および「4.1.2 サンプリングによる状態価値関数の評価」で扱う問題は、次の著名な教科書に掲載されている問題を参考にしています。

- 『Reinforcement Learning: An Introduction (2nd Edition)』Richard S. Sutton・Andrew G. Barto (著)、A Bradford Book (2018)

出版後に発見された修正点や補足情報については、技術評論社のWebサイトで公開していきます。

- https://gihyo.jp/book/2020/978-4-297-11515-9

▓ サンプルコードの見方について

　それぞれのノートブックに含まれるコードは、紙面では、実行用のセルごとに引用・
解説しています。コードの左上にある [PI1-07] などの見出しは、ノートブックの各
セルに付いた見出しと対応しています。

　見出しに含まれる [PI1] などの記号は、ノートブックのファイル名に対応していま
す（たとえば、「01_Policy_Iteration_1.ipynb」には [PI1] が対応）。また、ノートブッ
ク上の実際のコードにはありませんが、説明のために、紙面ではそれぞれのコードに
行番号を振ってあります。

[PI1-07] ◀── セルの見出し

```
1: policy_update(world)
2: for (s, a), p in world.policy.items():
3:   if s not in [0, 7]:
4:     print('p({:d},{:2d}) = {}'.format(s, a, p))
```

```
p(1, 1) = 0        ◀── セルを実行した際の出力
p(1,-1) = 1
p(2, 1) = 0
p(2,-1) = 1
p(3, 1) = 0
p(3,-1) = 1
p(4, 1) = 0
p(4,-1) = 1
p(5, 1) = 0
p(5,-1) = 1
p(6, 1) = 0
p(6,-1) = 1
```

目次

Chapter 1　強化学習のゴールと課題　　1

Chapter 5 ニューラルネットワークによる
関数近似 **219**

Column

1

強化学習の
ゴールと課題

1.1 強化学習の考え方

　本書を手に取った方であれば、機械学習のアルゴリズムには、「教師あり学習」と「教師なし学習」の2種類があるという話は耳にしたことがあるでしょう。教師あり学習は、正解ラベル付きの学習データ、すなわち、予測したい内容について、あらかじめ正解がわかっているデータを用いて学習するアルゴリズムです。ディープラーニングの入門書に登場する「画像判別」のアルゴリズムでは、学習に用いる画像ファイル（教師データ）には、それぞれ、「犬」「猫」と言った画像の内容を示すラベルが付与されています。ここから、ラベルを持たない未知の画像ファイルについて、それが何の画像であるかを予測するモデルを学習します（**図1.1**）。具体的には、チューニング可能な多数のパラメーターを持つニュールネットワークを用意して、教師データに対する正解率ができるだけ高くなるように、パラメーターを修正していきます。この際、勾配降下法などのアルゴリズムにより、コンピューターを用いて自動的にチューニングを行うことから、コンピューター（機械）を用いた学習処理、すなわち、「機械学習」という名前が付いています。

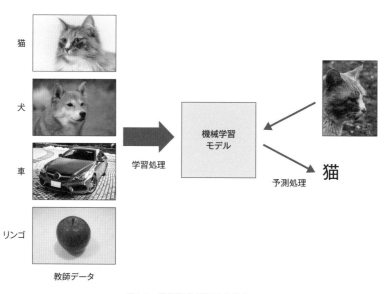

図1.1　教師あり学習の仕組み

もう一方の教師なし学習は、正解ラベルを持たないデータに対して、一定のアルゴリズムを用いて、そのデータが持つ特性を発見する手法です。類似性の高いデータのグループを発見する「クラスタリング」などは、その代表例です。オンラインの動画配信サービスであれば、過去に視聴した動画について類似性の高いユーザーのグループをクラスタリングで発見するといった利用例が考えられます（**図1.2**）。同じグループのユーザーは、好きな動画の傾向が似ていると考えられるので、動画のレコメンデーションなどに活用できるでしょう。

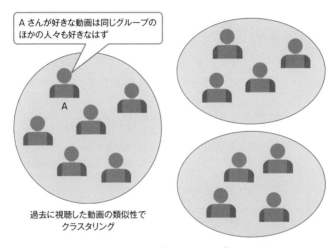

Aさんが好きな動画は同じグループの
ほかの人々も好きなはず

A

過去に視聴した動画の類似性で
クラスタリング

図1.2　教師なし学習（クラスタリング）の利用例

そして、本書のテーマである強化学習は、これらと同じ機械学習の一分野ですが、環境内を動き回るエージェントを利用して、データの収集と学習処理を並行して行うというユニークな特徴があります。囲碁や将棋などのボードゲームを自動プレイするエージェントの作成、あるいは、現実の道路を走行する自動運転技術などにも応用されており、最近では、強化学習にニューラルネットワークを組み合わせた手法も研究が進んでいます。この時、「データを集めて学習する」というと、教師あり学習に似たようなものと思うかもしれませんが、一般的な教師あり学習と比べた場合、強化学習の考え方にはいくつかの根本的な違いがあります。たとえば、教師あり学習で予測モデルを作る場合、すべてのケースを正しく予測できる完璧なモデルを作ることは不可能だと言われます。未知の出来事を予測するという意味では当然のことですが、一方、強化学習が対象とする問題は、必ずしも「未知のデータに対する予測」というわ

けではありません。

　たとえば、ビデオゲームを自動プレイするエージェントを考えてみます。ビデオゲームのルールはあらかじめ決められていますので、これは「未知のデータ」というわけではありません。ランダムな要素がないゲームであれば、確実に最高得点が得られる「必勝パターン」を見つけることが原理的には可能です[注1]。ランダムな要素がある場合でも、「獲得点数の期待値（何度もプレイした場合の平均得点）」が最高になる、（統計学的な意味での）ベストなプレイ方法というものがあるはずです。

　一般に、強化学習の世界では、一定のルールに従って変化する環境を動き回るエージェントに対して、何らかの意味で最適な動きを決定する「行動ポリシー」を発見することがそのゴールとなります。この際、環境の変化を決めるルール、すなわち「環境モデル」が完全にわかっており、さらに、無尽蔵の計算処理が十分高速に実行できるという前提があれば、統計学的な意味で完璧な答えを得ることが可能です。また、一定の条件下であれば、実際にそれを得るためのアルゴリズムも知られています。

　ただ、強化学習を利用したい現実の問題では、ほとんどの場合、これらの前提は満たされません。実際の道路上を走行する自動車の自動運転エージェントの場合、現実世界に登場する人や車の行動パターンを完全に把握することは不可能です。実際に走行させることで得られた断片的なデータから、まわりの人や車の動きにあわせて行動する方法を推定する必要があります。あるいは、囲碁や将棋などのゲームの場合、ルールそのものは単純明快ですが、あらゆるプレイのパターンを網羅的に調べて必勝パターンを発見するには、想像を絶する計算量が必要となります。

　このように、現実の強化学習では、環境モデルの不完全性、あるいは、計算量が膨大になりすぎるという問題に対処する必要があり、これを実現するのが、Q-LearningやDQN（Deep Q Network）と言ったモダンな強化学習のアルゴリズムになります。しかしながら、これらのアルゴリズムにおいても、前述の「完璧な答え」を得るためのアルゴリズムが重要な基礎となります。そこで本書では、まずは、「ポリシー反復法」「価値反復法」などの完全解を求めるアルゴリズムを解説します。その上で、環境モデルが不明な場合、あるいは、計算量が膨大で完全解を求めるには時間がかかりすぎる場合に、これらの手法がどのように修正されるのかを見ていきます。

　具体的には、まず、第2章、第3章では、環境の変化を記述する「環境モデル」がわ

注1　たとえば、レトロゲームの代表格「パックマン」には、永久パターンがあります。このゲームでは、モンスターの動きは一見ランダムに見えますが、毎回、同じようにパックマンを操作すると、モンスターも必ず同じ動きをします。そのため、確実にゲームをクリアできる「必勝パターン」がゲームファンの間で知られていました。

かっているという前提で、完全解を得るためのアルゴリズムを解説します。その後、第4章では、環境モデルがわからない場合の学習手法である「SARSA」や「Q-Learning」を説明します。そして最後の第5章では、環境の状態数が多すぎて網羅的な計算ができない状況に対応する手法として、ニューラルネットワークで行動−状態価値関数を推定する方法（DQN）を解説します。

　また、本章の残りのパートでは、サンプルコードの実行環境をセットアップした後に、第2章以降の系統的な学習を始める準備として、強化学習の「Hello, World!」とも言えるバンディットアルゴリズムを紹介します。ここでは、環境モデルの有無によって問題を解くアプローチがどのように変わるのか、あるいは、「活用（Exploitation）」と「探索（Exploration）」のバランスを取る難しさなど、強化学習の基本的な考え方を実感してもらいます。より複雑な問題を系統的に取り扱う枠組みについては、第2章であらためて解説しますので、ここではまず、「強化学習の気持ち」を感じてもらえれば十分です。

　なお、それぞれのアルゴリズムについて、「なぜそれでうまくいくのか」「うまくいくにはどのような条件が必要なのか」と言った理論的な研究も盛んに進められていますが、本書では、この点について数学的に厳密な議論は行いません。それぞれのアルゴリズムを実装したPythonのコードを用いて、アルゴリズムの動作を具体的に示すことで、前述のポイント（うまくいく理由、うまくいくための条件など）を直感的に理解することを目指します。

1.2　実行環境のセットアップ

　本書で用いるコードは、Googleが提供するColaboratoryのノートブックで用意してあります。Colaboratoryは、オープンソースソフトウェアのJupyter Notebookをカスタマイズしたサービスで、Webブラウザーでノートブックを開き、その中でPythonのコードを実行することができます[注2]。ここでは、本書で使用するノートブックをダウンロードして、Colaboratoryの環境で実行できるように準備します。Googleアカウントをまだ持っていない場合は、次のWebサイトの手順に従って、Googleア

注2　Googleアカウントを持っていれば、誰でも無償で使用できます。また、本書のノートブックは、Webブラウザーとして、Chromeブラウザーを用いて動作確認をしています。環境の違いで発生する問題を避けるために、Colaboratoryを使用する際はChromeブラウザーを使用することをおすすめします。

5

カウントを作成してください。

- Googleアカウントの作成
  https://support.google.com/accounts/answer/27441

次に、ColaboratoryのWebサイトにアクセスします。

- Google Colaboratory
  https://colab.research.google.com

　画面の右上に［ログイン］ボタンが表示された場合は、これをクリックして、先に用意したGoogleアカウントでログインします。すると、ノートブックを選択する画面（**図1.3**）が出るので、［ノートブックを新規作成］をクリックして、新規のノートブックを開きます。［キャンセル］を押した場合は、［Colaboratoryへようこそ］というタイトルのノートブックが開きますが、この場合は、**図1.4**のように［ファイル］メニューの［ノートブックを新規作成］から新規のノートブックを開くことができます。

図1.3　ノートブックを選択する画面

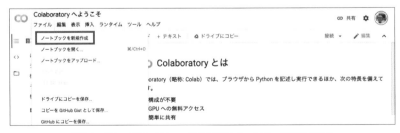

図1.4　［ファイル］メニューから新規のノートブックを開く場合

図1.5は、新規のノートブックを開いた様子です。画面左上の「Untitiled0.ipynb」はノートブックのファイル名で、この部分をクリックしてファイル名を変更できますが、拡張子には必ず.ipynbを指定してください。この後は、コード用のセルにPythonのコードを記述して、実行することができます。Ctrl + Enter キーを押すか、左側の実行ボタンを押すと、実行結果が表示されます。新しいセルを追加する際は、画面の上部のボタンを使用します。

図1.5　新規のノートブックを開いた様子

　図1.6は実際にコードを実行した例です。1つのセルで実行した結果は内部的に保存されており、あるセルで変数に値を設定して、次のセルで変数の値を参照することもできます。最後に実行したコマンドの返り値が実行結果として表示されるようになっているので、たとえば変数名だけを入力すると、その値が結果として表示されます。もちろん、print文で明示的に表示することもできます。また、図1.6の最後には、テキスト用のセルを利用する例があります。このセルには、マークダウン記法で文章を記載することができます。この図ではマークダウンのソースと整形後のテキストの両方が表示されていますが、他のセルを選択すると、整形後のテキストのみが表示されます。この機能を利用すると、Pythonのコードに説明文を組み合わせた「実行できるドキュメント」を作ることができます。

図1.6　ノートブックによるコードの実行例

　ノートブックの内容を編集した後は、[ファイル] メニューから [保存] を選ぶとノートブックのファイルが Google ドライブに保存されます[注3]。Google ドライブ内のファイルを確認する際は、次の Web サイトから Google ドライブを開いてください。[マイドライブ] の下にある、[Colab Notebooks] というフォルダー内にノートブックが保存されています。

- Google ドライブ
  https://drive.google.com/

　最後に、本書のサンプルコードが記載されたノートブックをダウンロードしておきます。これは、次の GitHub リポジトリで公開されているもので、次の手順で、Google ドライブに保存することができます。

- Google Colaboratory Notebooks for Reinforcement Learning Book
  https://github.com/enakai00/colab_rlbook

　まず、新規のノートブックを開いて、コード用のセルで次のコマンドを実行します。

```
from google.colab import drive
drive.mount('/content/gdrive')
```

注3　Google ドライブは、クラウド上のファイル保存サービスですので、ローカル PC のディスク容量を気にせずにファイルを保存することができます。

8

これは、GoogleドライブのフォルダーをColaboratoryの実行環境にマウントするもので、これにより、ノートブックからGoogleドライブにアクセスできるようになります。**図1.7**のように、ユーザー認証のリンクが表示されるので、リンクをクリックして認証を行ってください[注4]。認証の際は、「Google Drive File StreamがGoogleアカウントへのアクセスをリクエストしています」というメッセージが表示されるので、［許可］をクリックします。すると、認証コードが表示されるので、それをコピー＆ペーストでノートブックに入力します。フォルダーのマウントに成功すると、「Mounted at /content/gdrive」というメッセージが表示されます。

図1.7　認証コードを入力する様子

続いて、コード用のセルを追加して、次のコマンドを実行します。1行目の**%%bash**は、Pythonではなく、Shellコマンドを実行するためのマジックコマンドです。

```
%%bash
cd '/content/gdrive/My Drive/Colab Notebooks'
git clone https://github.com/enakai00/colab_rlbook.git
```

これにより、GitHubリポジトリの内容がGoogleドライブの中にクローンされて、サンプルコードのノートブックが保存されます。Googleドライブを開いて、［マイドライブ］⇒［Colab Notebooks］⇒［colab_rlbook］の順にフォルダーを開くと、［Chapter01］～［Chapter05］というフォルダーがあります。これらの中に、各章で利用するノートブックが入っています。フォルダー、あるいは、ファイルが見つからない場合は、少し待ってからGoogleドライブのページをリロードしてください。

Googleドライブ上のノートブックをColaboratoryで開く際は、該当のファイルを右クリックして、メニューから［アプリで開く］⇒［Colaboratory］を選択します。また、本書のノートブックは、最初に開いた際に、コードの実行結果がすでに表示された状

注4　すでにマウントされている場合は、「Drive already mounted at /content/gdrive;...」というメッセージが表示されます。

態になっています。新規にノートブックを実行する際は、[編集] メニューから [出力をすべて消去] を選択するとよいでしょう。これにより、既存の実行結果が消去されます。

Column　**Colaboratoryのランタイムについて**

　Colaboratoryでは、ノートブックの実行環境（ランタイム）として、CPUのみの環境の他に、ニューラルネットワークの計算を高速化するためのGPU、あるいは、Googleが独自開発したTPUを接続した環境が利用できます。それぞれのノートブックには、使用するランタイムが事前に設定されていますが、実際の設定を確認する、もしくは、設定を変更する場合は、[ランタイム] メニューから [ランタイムのタイプを変更] を選択します。図1.8のように、[ハードウェアアクセラレータ] のプルダウンメニューから、[None（CPUのみ）/GPU/TPU] を選択することができます。本書のサンプルコードのノートブックでは、第5章のニューラルネットワークを取り扱うノートブックについては、GPUを接続した環境が設定されています。

　なお、ノートブックを開いた直後は、ランタイムはまだ割り当てられていません。セル内のコードを最初に実行したタイミングで、指定されたタイプのランタイムが割り当てられます。また、ノートブック上のコードは、セルごとに対話的に実行を進めていきますが、本文でも説明したように、これまでの実行結果（変数の値や生成したオブジェクトなど）は、内部的に保存されます。このため、同じセルのコードを何度も再実行すると、変数の値やオブジェクトの内部状態が想定外の状態になり、エラーが発生することがあります。そのような場合は、ランタイムを再起動して現在の実行状態をリセットした後に、最初のセルからコードを実行し直すとよいでしょう。ランタイムを再起動するには、[ランタイム] メニューから [ランタイムを再起動] を選択します。

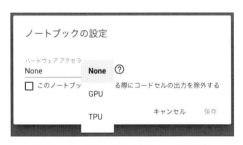

図1.8　ハードウェアアクセラレータの選択

1.3 バンディットアルゴリズム（基本編）

　ここでは、強化学習の「Hello, World!」とも言えるバンディットアルゴリズムを通して、まずは、強化学習の基本的な考え方に触れていきます。この「基本編」では、環境の状態が変化しない最も単純な場合を用いて、環境から得られる報酬（今回の場合は、スロットマシンから得られる点数）を推定するという考え方を学びます。また、ε-greedyポリシーを用いて「活用」と「探索」のバランスを取る方法、あるいは、適切なε（イプシロン）の値を選択するためのハイパーパラメーター・チューニングなどをあわせて解説します。

▌1.3.1　多腕バンディット問題

　はじめに、ここで取り組む問題の状況設定を明らかにしておきます。一般には、「多腕バンディット問題（Multi-armed bandit problem）」と呼ばれる問題で、設定が異なる複数のスロットマシンが並んだような状況に対応します。それぞれのマシンは、ボタンを押すとランダムに点数が1つ返ってくるものとします[注5]。n番目のマシン（$n = 0, 1, \cdots$）からは、平均μ_n、標準偏差1.0の正規分布による乱数で得点が発生します。これは、**図1.9**のように、平均値μ_nのまわりに、およそ±1.0の範囲に広がる乱数です。マシンが10台あるとした場合、それぞれにμ_nの値が個別に設定されているので、全体の様子は**図1.10**のようになります。ここからわかるように、それぞれのマシンからは、負の値の点数が得られることもあります。強化学習の用語で言うと、ここまでが、この問題の「環境」にあたります。

注5　多腕（Multi-armed）という表現は、昔ながらのアーム（arm）が付いたスロットマシンが並んだ様子から来ているものですが、ここでは、話を単純化して、ボタンを押すと点数が得られるという設定にしています。

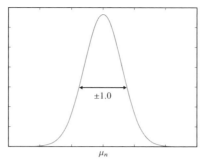

図1.9　平均 μ_n、標準偏差1.0の正規分布

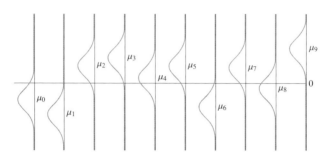

図1.10　マシンごとの得点の確率分布

　そして、これらのマシンから任意の1台を選択してボタンを押すという操作を繰り返す「エージェント」がいます。ここでは、全部で200回ボタンを押せるとして、得られた点数の合計がなるべく大きくなるように、それぞれの回でマシンを選択するルールを決定することをこの問題のゴールとします。少し大げさな表現になりますが、エージェントが取り得る行動を「アクション」、そして、アクションを選択するルールをエージェントの「行動ポリシー」と呼びます。今回の場合は、いずれか1つのマシンを選んでボタンを押すという行動がアクションにあたり、合計点がなるべく大きくなるような行動ポリシーを見つけることが、この問題のゴールというわけです。

　容易にわかるように、この問題の難易度は、それぞれのマシンから得られる点数の平均値 μ_n が事前にわかっているかどうかで大きく変わります。これが事前にわかっている場合、μ_n の値が最大であるマシン（**図1.10**の例であれば、一番右のマシン）を選び続けることが最適な行動ポリシーになります。ランダムな要素があるゲームですので、場合によっては、他のマシンを選択した方が200回分の合計点が高くなる可能

性もありますが、200回ボタンを押すというゲームを何度も繰り返した場合、平均的には、この方法（μ_n の値が最大であるマシンを選び続けるという行動ポリシー）が最も高得点になるでしょう。「1.1　強化学習の考え方」の言い方を用いるならば、環境の振る舞いを決定するルール、すなわち、環境モデルがわかっており、その結果、（統計学的な意味で）完璧な答えが得られたことになります。

　一方、μ_n の値が事前にわかっていない場合、すなわち、環境モデルがない場合には、どうすればよいでしょうか？　このような場合は、エージェントの行動から得られたデータを用いて、環境の様子を推測する必要があります。たとえば、200回ボタンを押すというゲームを開始する前に、それぞれのマシンのボタンを何度でも自由に押してみてよいという条件があれば、これまた答えは簡単に得られます。マシンごとに、得られた点数の平均値を計算すれば、これがそのマシンの μ_n の推定値になります。この推定値が最大のマシンを選び続けるのが最適な行動ポリシーとなるでしょう。

　そして最後に、このような都合のよい条件がない場合、つまり、環境の情報がまったくない状態でゲームを開始するという、本来の多腕バンディット問題へと話を進めるわけですが、その前に、いったん、これまでの内容をPythonのコードで実装しておきましょう。ここまでの説明で、特に混乱するような部分はないと思いますが、とにかく、すべてのアルゴリズムをPythonのコードとして実装することで、アルゴリズムの動作を実感を持って理解するというのが本書のねらいです。フォルダー「Chapter01」にある、次のノートブックを用いて説明を進めます。

- 01_Bandit_Algorithm_1.ipynb

　図1.11のように、Googleドライブで該当のファイルを右クリックして、メニューから［アプリで開く］⇒［Colaboratory］を選ぶとノートブックが開きます。この後は、ノートブックのセルごとにコードを見ながら解説を進めます。実際にコードを実行しながら、読み進めることをおすすめします。

図1.11　Googleドライブからノートブックを開く方法

　はじめに、コードの実行に必要なモジュールをインポートします。

[BA1-01]

```
1: import numpy as np
2: from pandas import DataFrame
3: import matplotlib
4: matplotlib.rcParams['font.size'] = 12
```

　2行目では、Pandasライブラリーからデータフレームモジュール（DataFrame）をインポートしていますが、これは、主にグラフを描画するために利用します。また、3～4行目は、グラフを表示する際のフォントサイズを設定しています。デフォルトのサイズより、少し大きめにしてあります。

　次に、「多腕バンディット問題」の環境を表すBanditクラスを定義します。

[BA1-02]

```
1: class Bandit:
2:     def __init__(self, arms=10):
3:         self.arms = arms
4:         self.means = np.random.normal(loc=0.0, scale=1.0, size=self.arms)
5:
6:     def select(self, arm):
7:         reward = np.random.normal(loc=self.means[arm], scale=1.0)
8:         return reward
```

　Banditクラスのインスタンスを生成する際は、オプションarmsにマシンの数を指定します。2～4行目の初期化関数（コンストラクタ）では、それぞれのマシンが発生する乱数の平均値μ_nの値をセットしていますが、4行目にあるように、それぞれの値は乱数で設定しています。関数np.random.normalは、オプションlocとオプションscaleで指定した平均と標準偏差を持つ正規分布の乱数をオプションsizeで指定した

個数だけ発生します。ここでは、平均0、標準偏差1.0を指定しているので、およそ±1.0の範囲に散らばる値が得られます。結果は、NumPyのarrayオブジェクトに保存されます。

6～8行目のselectメソッドは、エージェントが選択したマシンの番号を与えると、先ほどセットした平均値を用いて乱数を発生し、それを得点として返します。先ほどと同じ関数np.random.normalを用いていますが、オプションsizeを指定していないので、通常のスカラー値として乱数が1つだけ得られます。

続いて、それぞれのマシンのボタンを何度も押して、得られた点数の平均値からμ_nを推定するという作業を、関数estimate_meansとして実装します。

[BA1-03]
```
 1: def estimate_means(bandit, steps):
 2:     rewards = {}
 3:     for arm in range(bandit.arms):
 4:         rewards[arm] = []
 5:
 6:     for _ in range(steps):
 7:         arm = np.random.randint(bandit.arms)
 8:         reward = bandit.select(arm)
 9:         rewards[arm].append(reward)
10:
11:     averages = []
12:     for arm in range(bandit.arms):
13:         averages.append(sum(rewards[arm]) / len(rewards[arm]))
14:
15:     return averages
```

この関数のオプションには、事前に用意したBanditクラスのインスタンスbanditと、ボタンを押す回数stepsを受け渡します。2～4行目では、マシンの番号armをキーとするディクショナリーrewardsに該当のマシンから得られた点数を保存するリストを用意しています。たとえば、rewards[0]は、0番目のマシンから得られた点数を保存した[3.2204490022521113, 2.8217635456002275, ..., 1.8889849694978775]のようなリストになります。6～9行目では、実際にボタンを押す操作を繰り返しながら、得られた点数を先ほどのリストに保存していきます。それぞれのマシンを同じ回数ずつ選択するという方法もありますが、ここでは、ボタンを押すマシンは単純に乱数で選択しています。最後に、11～15行目で、それぞれのマシンについて得られた点数

の平均値を計算したものをリストaveragesに保存して返却します。

ここで、実際に関数estimate_meansを用いて、平均値を推定してみます。

```
[BA1-04]
1: bandit = Bandit()
2: estimates = estimate_means(bandit, steps=1000)
3:
4: ax = DataFrame({'Estimate': estimates, 'Mean': bandit.means}).plot(kind='bar')
5: _ = ax.set_xlabel('arm')
6: _ = ax.set_ylabel('Reward')
```

1行目でBanditクラスのインスタンスを取得して、それを用いて2行目で関数 estimate_meansを呼び出しています。1行目ではマシンの数を指定していないので、デフォルト値の10が適用されます。2行目では、ボタンを押す回数は、一例として1,000 回を指定しています。4～6行目では得られた結果を棒グラフとして表示しており、**図1.12**のような結果が得られます。ここでは、1,000回分の結果から推定された値（Estimate）と、実際のμ_nの値（Mean）をあわせて表示していますが、おおむね正しく推定できていることがわかります。ボタンを押す回数を増やすほど、推定値はより正確になりますので、stepsに指定する値を変えて結果がどのように変わるか確認するとよいでしょう。

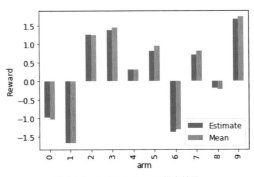

図1.12　各マシンのμ_nの推定結果

Column　データフレームを用いたグラフ描画

　[BA1-04]のコードでは、4～6行目の部分で、Pandasのデータフレームを用いて**図 1.12**のグラフを描きました。複数の数値データをまとめてグラフに描く際に便利な方法なので、ここであらためて説明しておきます。まず、Pandasのデータフレームは、スプレッドシートのように表形式でデータを保存するもので、それぞれの列には「列名」に相当する文字列を付与することができます。

　データフレームを作成する方法はいくつかありますが、先ほどのコード（4行目）では、はじめに、「列名」をキーとして、その列のデータを並べたリストをバリューとするディクショナリーを用意した後に、それをデータフレームのオブジェクトに変換しています。あえて手続きを分解すると、次のようになります。

```
1: raw_data = {'Estimate': estimates, 'Mean': bandit.means}
2: df = DataFrame(raw_data)
3: df
```

	Estimate	Mean
0	1.290540	1.368768
1	1.228907	1.164854
2	-1.288828	-1.214167
3	0.926115	1.011540
4	-2.261734	-2.325387
5	0.249736	0.190482
6	-0.282719	-0.278876
7	0.834067	0.837426
8	0.587567	0.537619
9	1.483896	1.576270

　ここでは、最後に作成したデータフレームの内容を出力しており、確かに列名が付いた表形式のデータ構造になっていることがわかります。この後は、このオブジェクトのplotメソッドを用いると、先ほどの**図1.12**のように、各列の値に対応するグラフを1つにまとめて表示することができます。列名を用いた凡例も自動で追加されます。オプションkindは、グラフの種類を指定するもので、[BA1-04]の4行目では'bar'（棒グラフ）を指定しています。このオプションを省略した場合は、折れ線グラフになります。また、[BA1-04]の5～6行目では、グラフの軸にラベルを付けています。

1.3.2 平均値計算の効率化

　ここで一旦、ノートブック上のコードを離れて、平均値を効率的に計算する方法を説明します。先ほど[BA1-03]に示した関数estimate_meansでは、それぞれのマシンについて、得られた個々の点数をすべてリストに保存しておき、最後にまとめて平均値を計算しています。あえて数式で書くならば、i回目の点数をr_i ($i = 1, \cdots, N$)として、次の計算式に相当します。

$$\bar{r} = \frac{1}{N} \sum_{i=1}^{N} r_i = \frac{1}{N}(r_1 + r_2 + \cdots + r_N)$$

　しかしながら、データ数が膨大になった場合、個々の値をすべてリストに保存するのは、メモリ容量の観点で問題になる可能性があります。過去に得られた値を個別に保存せずに、平均値を計算することはできるでしょうか？　たとえば、得られた値の合計とデータの個数を記録するという方法が考えられます。次は、この方法で、10,000個の乱数の平均値r_averageを計算する例になります。変数r_totalと変数cのそれぞれに、その時点までの合計点数とデータの個数を記録しています。

```
1: r_total = 0.0
2: c = 0
3: for _ in range(10000):
4:   r = np.random.normal(loc=0, scale=1.0)
5:   r_total += r
6:   c += 1
7: r_average = r_total / c
8: print(r_average)
```

　この方法を工夫すると、合計点数の代わりにその時点での平均値を保持しながら、ループの中で平均値を更新していくという書き方ができます。まず、$n-1$個のデータを収集した時点での平均値は、

$$\bar{r}_{n-1} = \frac{1}{n-1} \sum_{i=1}^{n-1} r_i$$

で計算されます。これを$n-1$倍すれば合計点数に戻るので、さらにn個目のデータr_nを加えてnで割れば、次の時点での平均値になります。

$$\bar{r}_n = \frac{1}{n}\{(n-1)\bar{r}_{n-1} + r_n\}$$

これを整理すると、次の関係式が得られます。

$$\bar{r}_n = \bar{r}_{n-1} + \frac{1}{n}(r_n - \bar{r}_{n-1}) \tag{1.1}$$

これは、前回までの平均値$\bar{r}_{n-1}$とデータ数$n-1$を保持しておけば、新たに得られた点数r_nを加えた場合の平均値が再計算できることを示します。この関係を用いて先ほどのコードを書き換えると、次のようになります。6行目で平均値r_averageを再計算する前に、5行目でデータ数cを更新している点に注意してください。

```
1: r_average = 0.0
2: c = 0
3: for _ in range(10000):
4:   r = np.random.normal(loc=0, scale=1.0)
5:   c += 1
6:   r_average += (r-r_average) / c
7: print(r_average)
```

強化学習のアルゴリズムでは、何らかの値について、環境からデータを収集しながら、その時点での平均値（推定値）を用いて計算するという処理を行うことがあります。この実装方法には、常にその時点での平均値が変数r_averageで参照できるというメリットがあります。これ以降のコードでは、平均値を計算する際は、この実装方法を用いることにします。

1.3.3 『活用』と『探索』の組み合わせ

それでは、多腕バンディット問題に話を戻しましょう。ここでは、環境についての情報がない状態で200回分の合計点をできるだけ大きくするという、本来の多腕バンディット問題について考えます。これには、各マシンのμ_nを推定するためのデータ

を収集する行動と、推定に基づいてベストと思われるマシン、すなわち、μ_nの推定値が最大のマシンを選択するという行動に対して、与えられた200回のチャンスをうまく振り分ける必要があります。たとえば、最初の50回は、「1.3.1　多腕バンディット問題」の[BA1-03]と同様にランダムにマシンを選び、得られた結果から、各マシンのμ_nを推定するという方法が考えられます。この場合、残りの150回は、推定されたμ_nが最大のマシンを選び続けます。

　しかしながら、この後、より複雑な問題を扱う上では、もう少しだけ工夫が必要です。ここでは、一般に「ε-greedy ポリシー」と呼ばれる、次の手法を用います（**図1.13**)[注6]。まず一般に、現時点の推定に基づいてベストと思われるアクションを選択することを「活用（Exploitation）」、ランダムなアクションで環境の情報を収集することを「探索（Exploration）」と言います。そして、200回分のアクションのうち、探索に使用する回そのものをランダムに選びます。具体的には、εを0.1などの小さな値としておき、次のアクションを決定する際は、0.0〜1.0の範囲の乱数を発生させて、これがεより小さければ、ランダムにアクションを選択します。そうでなければ、それまでに収集したデータから推定されたμ_nに基づいて、その時点でベストと思われるアクションを選びます。これはつまり、各回のアクションを選択する際に、確率εで探索を行うことを意味します。

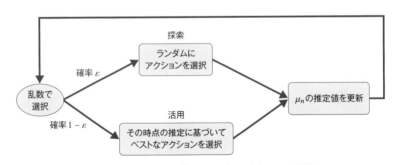

図1.13　ε-greedy ポリシーによるアクションの選択

　ここからは、実際にこの手法を実装したコードを見ながら解説を進めましょう。以下は、「1.3.1　多腕バンディット問題」で用いたノートブック「01_Bandit_Algorithm_1.ipynb」の続きになります。[BA1-04]まで実行が終わっている状態から、続けて実行していきます。

注6　エージェントがアクションを選択する方法を定めたルールを「行動ポリシー」と呼ぶことを思い出してください。

```
1: def get_action(qs, epsilon):
2:   if np.random.random() < epsilon:
3:     # Explore: choose randomly.
4:     return np.random.randint(len(qs))
5:   else:
6:     # Exploit: choose the arm with the max average.
7:     return np.argmax(qs)
```

　ここでは、先ほど説明した ε-greedyポリシーを実装した関数get_actionを定義しています。オプションqsに各マシンのμ_nの推定値が入ったリストを与えて、epsilonには、探索を行う確率εを指定します。4行目は探索を選択した場合の処理で、マシンの番号を乱数で返します。7行目は活用を選択した場合の処理で、μ_nの値が最大となるマシンの番号を返します。関数np.argmaxは、数値（一般には、大小比較ができるオブジェクト）のリストに対して、最大値を取る要素のインデックスを返します。最大値を取る要素が複数ある場合は、次の例のように、小さい方のインデックスを返します。

```
1: np.argmax([1, 3, 3, 2, 1])
```

```
1
```

　ここでは、最大値3を取る要素のインデックスは1と2ですが、小さい方の1が返っています。このような場合、本来のε-greedyポリシーでは、最大値を取る複数の要素のインデックスから、どれか1つをランダムに選ぶ必要があります。ただし、今回の場合は、qsに含まれる要素は各マシンの点数の平均値であり、浮動小数点数の値を取るため、まったく同じ値が含まれることはないと考えられます。そのため、np.argmaxで得られたインデックスの値をそのまま採用しています注7。

　続いて、ここで定義したε-greedyポリシーを用いて、ボタンを何度も押すというゲームを実施する関数episodeを実装します。

注7　厳密にいうと、初回のアクションを選択する際は、qsに含まれる値はすべて0ですので、活用を選択した場合、本来であれば、いずれかのマシンをランダムに選択する必要があります。現在の実装では、活用を選択すると、0番目のマシンが必ず選ばれることになります。

[BA1-06]

```
 1: def episode(bandit, epsilon, steps):
 2:     total_rewards = [0]
 3:     qs = [0] * bandit.arms
 4:     count = [0] * bandit.arms
 5:
 6:     for _ in range(steps):
 7:         arm = get_action(qs, epsilon)
 8:         reward = bandit.select(arm)
 9:         # Append total rewards
10:         total_rewards.append(total_rewards[-1] + reward)
11:
12:         # Update an average of rewards.
13:         count[arm] += 1
14:         qs[arm] += (reward - qs[arm]) / count[arm]
15:
16:     return total_rewards
```

　オプションbanditとepsilonには、Banditクラスのインスタンスとεに設定する値を渡します。また、オプションstepsには、ボタンを押す回数を指定します。もともとは全部で200回押せるという想定でしたが、ここでは、さまざまな回数での実験ができるようにしてあります。2行目で用意したリスト total_rewards には、それぞれのステップで得られた点数の累積値、すなわち、その時点での合計点を記録していきます。ゲームのゴールは、最終的な合計点を大きくすることですが、合計点が増えていく様子も確認できるように、途中経過も含めて記録します。

　また、ここでは、3行目と4行目で用意する2つのリストが重要な役割を果たします。前項で説明したように、(1.1) の関係式を用いると、点数のデータを収集しながら、各時点での平均値$\bar{r}_n$が計算できますが、そのためには、それまでに集めたデータの個数nもあわせて記録する必要があります。ここでは、それぞれのマシンについて、その時点での平均値 (つまり、μ_nの推定値) を並べて記録したリスト qs と、それまでに収集したデータの個数 (つまり、そのマシンを選択した回数) を並べて記録したリスト count を用意しています[注8]。

　6〜14行目のループでは、ボタンを選択して、得られた点数を加える処理を繰り返しています。[BA1-05]で用意した関数get_actionを用いて、ε-greedy ポリシーに基づいてマシンを選択 (7行目) した後、選択したマシンから点数を取得 (8行目) して

注8　[0]*nは、0をn個並べたリストを用意するPythonの構文です。

います。10行目は、リストtotal_rewardsの末尾にある前回までの合計点数total_rewards[-1]に、今回の点数を加えたものを新たにtotal_rewardsに追加しています注9。

そして、13～14行目は、選択したマシンarmについての収集データ数count[arm]と平均点数qs[arm]を更新します。steps回のループが完了したら、最後に合計点数の変化を記録したリストtotal_rewardsを返却して処理が終了します（16行目）。

ちなみに、この関数名episodeには意味があります。強化学習では、エージェントが環境内を行動してデータを収集しますが、今回のゲームのように終了条件が決まっているものでは、終了に至るまでの一連の行動を「エピソード」と呼びます。自動運転の例であれば、出発地点から目標地点に至るまでの1回の運転記録がエピソードにあたるでしょう。

それでは、関数episodeを用いて、実際にゲームを実施してみましょう。

[BA1-07]

```
1: bandit = Bandit()
2: rewards = {}
3: for epsilon in [1.0, 0.5, 0.1]:
4:     rewards['ε={}'.format(epsilon)] = episode(bandit, epsilon, steps=200)
5:
6: ax = DataFrame(rewards).plot()
7: _ = ax.set_xlabel('Step')
8: _ = ax.set_ylabel('Total rewards')
```

ここでは、$\varepsilon = 1.0, 0.5, 0.1$の3つの場合について関数episodeを実行して、結果を比較するようにしています。関数episodeを実行して得られた結果（各ステップでの合計点数を並べたリスト）は、'ε=0.1'のようにεの値を示す文字列をキーとして、ディクショナリーrewardsに保存しています（4行目）。6行目では、このディクショナリーをPandasのデータフレームに変換して、plotメソッドで3種類の結果をまとめて1つのグラフに表示しています。7～8行目は、グラフの軸にラベルを付ける処理で、最終的に**図1.14**のような結果が得られます。ランダムな要素のあるゲームなので、[BA1-07]のセルを繰り返し実行すると、毎回、結果が変わりますが、全般的には、$\varepsilon = 0.1$の結果が一番良くて、$0.1 \to 0.5 \to 1.0$の順に結果が悪くなるという傾向があります。

注9　a[-1]は、リストaの末尾の要素を表すPythonの構文です。

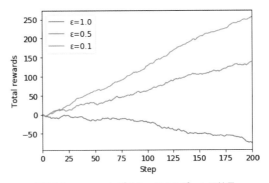

図1.14　ε-greedyポリシーによるゲームの結果

　ε-greedyポリシーのルールを思い出すとわかるように、ε = 1.0というのは極端な例で、毎回、「探索」が選択されて、ランダムにマシンが選ばれます。つまり、μ_nの推定結果はまったく参考にしておらず、結果がよくないのは十分に予想されることです。一方、ε = 0.1とε = 0.5の違いは自明というわけではありません。ε = 0.1の場合は、およそ10回に1回、ε = 0.5の場合は、およそ2回に1回の割合で探索が行われます。探索の割合が高ければ、さまざまなマシンからの点数が得られて、結果的に、それぞれのマシンのμ_nをより正確に推定することができます。しかしながら、その分だけ活用の割合が減り、高得点が期待できるマシンを選択する回数が減ります。逆に探索の割合が低いと、μ_nの推定は不正確になるため、活用の割合が増えても、実際に得られる点数はそれほど高くならない可能性があります。

　このように、強化学習において優れた学習を効率的に行うには、探索と活用のバランスをうまく取る必要があります。ε-greedyポリシーは、単一のパラメーターεでこのバランスが調整できる、シンプルで手軽な手法と言えます。ここで、想像力が豊かな読者であれば、より複雑な問題の場合は、個々の問題の特性に応じた、ε-greedyポリシーよりも複雑な調整方法が必要と考えるかもしれません。これは間違いというわけではありませんが、多くの問題では、まずはε-greedyポリシーを適用して、εの値を適切に調整することでどこまでの成果が得られるかを確認することが重要になります。やみくもに複雑なモデルを試すのではなく、シンプルなモデルからスタートして、性能の改善を確認しながら、徐々に複雑なモデルへと進むことが、強化学習に限らない、機械学習全般の鉄則です。

■ 1.3.4 ハイパーパラメーター・チューニング

前項の最後に、ε-greedyポリシーにおけるパラメーターεの調整が重要と説明しました。これは、機械学習の一般論で言うと、ハイパーパラメーター・チューニングにあたります。機械学習というのは、調整可能なパラメーターを含むモデルを用意して、一定の学習アルゴリズムにより、学習データから自動的にパラメーターをチューニングするというのが基本的な考え方です。しかしながら、通常の学習アルゴリズムでは決定できない、つまり、機械ではなく、人間が調整する必要のあるパラメーターが必ず残ります。このようなパラメーターをハイパーパラメーターと言います。

ハイパーパラメーターを決定するには、さまざまな方法がありますが、ここでは、グリッドサーチを試してみます。これは、一定の幅で区切った複数の値を試して、最良の結果が得られたものを採用するシンプルな手法です。εの値は0〜1の範囲に限定されますので、$\varepsilon = 0.0, 0.1, 0.2, \cdots, 1.0$のように0.1刻みで試してみます。ただし、今回のゲームはランダムな要素があるので、それぞれのεの値に対して、複数回の結果を見て比較する必要があります。単純に考えれば、合計点を複数回取得して、その平均値が最大になるものを採用すればよさそうですが、ここでは、箱ひげ図を用いて、少しだけ統計学的な解釈も行ってみます。

箱ひげ図がどのようなものかについては、実際にコードを実行して、グラフを描いてから解説します。以下は、これまで用いてきたノートブック「01_Bandit_Algorithm_1.ipynb」の続きになります。[BA1-07]まで実行が終わっている状態から、続けて実行していきます。

まずは、グリッドサーチを実施して、結果を箱ひげ図に表す関数を用意します。

[BA1-08]

```
 1: def hypertune(values, num_samples):
 2:   rewards = {}
 3:   for epsilon in values:
 4:     scores = []
 5:     for _ in range(num_samples):
 6:       bandit = Bandit() # Prepare a new environment.
 7:       result = episode(bandit, epsilon, steps=200)
 8:       scores.append(result[-1]) # Append the final (total) reward.
 9:     rewards['{:1.1f}'.format(epsilon)] = scores
10:
11:   ax = DataFrame(rewards).plot(kind='box')
```

```
12:    _ = ax.set_xlabel('ε')
13:    _ = ax.set_ylabel('Total rewards')
```

　オプションvaluesには、試してみるεの値を保存したリスト、num_samplesには、それぞれのεに対して「200回ボタンを押す」というゲームを繰り返す回数を指定します。3行目からそれぞれのεの値に対するループが始まり、5行目から特定のεに対して「200回ボタンを押す」というゲームを繰り返すループが始まります。7行目でゲームを実施して、8行目でその結果（最終的な合計点数）をリストscoresに追加しています。num_samples回分の結果が蓄積されたら、ディクショナリーrewardsに、εの値（を文字列に変換したもの）をキーとして、結果をまとめたリストscoresの内容を保存しています。

　valuesで指定されたすべてのεの値について結果が得られたら、先ほどのディクショナリーをPandasのデータフレームに変換して、plotメソッドで箱ひげ図を描きます（11〜13行目）。この例のように、オプションkindに'box'を指定すると箱ひげ図が描かれます。

　次は、関数hypertuneを実行して、実際に箱ひげ図を描きます。

[BA1-09]
```
1: hypertune(np.linspace(0, 1.0, 11), num_samples=1000)
```

　最初のオプションにある関数np.linspaceは、指定の区間を等間隔に区切って、指定された個数の値を取得します。この例では、0.0〜1.0の範囲を等間隔に区切って、全部で11個の値を取得する指定になっており、この結果、[0.0, 0.1, 0.2, ⋯ , 1.0]という11個の値が得られます。ゲームを繰り返す回数num_samplesは、例として、1,000を指定しています。

　これを実行すると、**図1.15**のような結果が得られます。このグラフは、$\varepsilon = 0.0, 0.1, \cdots , 1.0$のそれぞれについて、得られた結果（200回ボタンを押した時の合計点数）の分布を表しており、四角い箱の真ん中にある横線が中央値を示します。この例では、中央値が最も大きいのは$\varepsilon = 0.1$の場合なので、中央値を判断基準に使うのであれば、$\varepsilon = 0.1$を最適値として採用することになります。さらに、箱ひげ図では、中央値のまわりに他のデータがどのように分布しているかも読み取れます（**図1.16**）。長い縦棒の上下の端が最大値と最小値に対応しており、四角い箱の上下の端は、第1四分位点と第3四分位点にあたります。すべてのデータを昇順に並べた際に、ちょう

ど中央に位置するデータの値が中央値で、全体の1/4、および、3/4の場所に位置するデータの値が第1四分位点と第3四分位点です。また、箱ひげ図を描く際は、極端に値が異なるデータは、一定のルールに従って外れ値として計算から除外します。**図1.15**の白丸は、外れ値を示します。

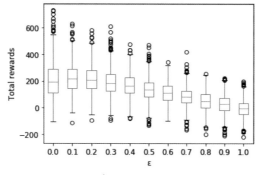

図1.15　グリッドサーチの実行結果

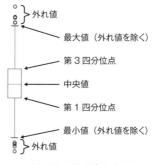

図1.16　箱ひげ図の見方

　図1.15の結果を見ると、εが大きくなるにつれて、データの上下の広がりが狭まっていくことがわかります。これは、εが大きい場合、ゲームの結果におけるランダムな変動が小さい、つまり、統計学的に言うと分散が小さいということです。たとえば、$\varepsilon = 0$の場合、その時点でのμ_nの推定値が最も大きいマシンを必ず選択するため、最初に選んだマシンからたまたま高い点数が得られると、しばらくの間は、その他のマシンが一切選ばれないということが起こり得ます。これが本当にベストなマシンであれば、最終的に高得点が得られますが、そうでなければ、逆に結果は悪くなります。

つまり、最終結果の良し悪しは、運に左右されやすくなります。一方、εが大きくなると、さまざまなマシンが広く試されるので、このような影響は小さくなります。問題の種類によっては、高得点を得ることだけが目的ではなく、なるべく安定的に同じような点数を得ることが重要な場合もあるでしょう。箱ひげ図など、統計学の道具を用いることによって、解くべき問題の性質、目的に応じた判断ができるようになります。

また、その意味では、[BA1-08]の実装にも少し注意が必要です。今回の場合、新しいゲームを実施するごとに、6行目でBanditクラスのオブジェクトを取得し直しています。これは、それぞれのマシンのμ_nの値を乱数で初期化し直すことが目的です。同一のオブジェクトを再利用した場合、最初に得られた特定のμ_nに対してのみ高得点が得られるεを採用する恐れがあります。一般的な機械学習の用語で言うと、過学習（オーバーフィッティング）が発生するということです。

1.4 バンディットアルゴリズム（応用編）

前節に続いて、バンディットアルゴリズム、すなわち、多腕バンディット問題に取り組むためのアルゴリズムを解説していきます。この「応用編」では、環境の状態が時間と共に変化する非定常状態を取り扱います。前節では、これまでに得られた点数の平均値を用いて、それぞれのマシンのμ_nを推定しましたが、ここでは、平均値を計算する代わりに、「新しいデータとこれまでの推定値の差分を用いて推定値を修正する」という考え方を導入します。

1.4.1 非定常状態への対応

前節の最後に、グリッドサーチでハイパーパラメーター・チューニングを行う際は、エピソードごとに環境を再初期化する必要がある点を指摘しました。これは、実際にこのゲームを実施する時、毎回、それぞれのマシンについて、μ_nの値がランダムに再設定されるという前提があるからです。もしも、μ_nが特定の値に固定された環境であれば、学習の戦略は変わってきます。この場合、そもそも、グリッドサーチのために何度もボタンを押せるという前提があれば、「1.3.1　多腕バンディット問題」の**図1.12**

に示したように、μ_nの正確な推定ができるでしょう。

　それでは、逆に、ゲームの実施中にもそれぞれのマシンのμ_nの値が変動する場合、これまでの学習方法はうまく機能するでしょうか？── これが、本節で扱う「非定常状態」の問題にあたります。まず、この場合、過去に得られた点数から現在のμ_nの値を推定するのが難しくなります。しかしながら、ボタンを押すごとにμ_nがまったくデタラメに変化するのではなく、少しずつ値がずれていくという場合は対策が考えられます。たとえば、いずれかのマシンのボタンを押すごとに、それぞれのマシンのμ_nには、平均0、標準偏差0.01の正規分布の乱数が加わるものとします。簡単に言うと、およそ±0.01の範囲でランダムにμ_nの値が変動するということです。このような状況であれば、μ_nの値は一度に大きく変化するわけではないので、新しく得られた点数を用いて過去の推定値をうまくアップデートすれば、μ_nの変化に追従することができそうです。

　それでは、具体的に、どのようなアップデート方法が考えられるでしょうか？──ここではまず、説明のために記号を整理しておきます。マシンごとにμ_nの値が異なるので、本来は、それぞれのマシンについて、個別に推定値をアップデートしていく必要がありますが、ここでは特定のマシンに注目して、そのマシンが発生する乱数の平均をμ、このマシンから得られた点数をr_n（$n = 1, 2, \cdots$）と表します。順次得られるr_nを用いて、少しずつ変化していくμの値を推定することがゴールとなります。

　実は、「1.3.2　平均値計算の効率化」の(1.1)に示した平均値の計算方法に、この答えのヒントがあります。次に、同じ式を再掲します。

$$\bar{r}_n = \bar{r}_{n-1} + \frac{1}{n}(r_n - \bar{r}_{n-1}) \tag{1.2}$$

　これは、次のような解釈ができます。今、$n-1$回目までのデータ全体の平均値$\bar{r}_{n-1}$がわかっており、ここで、n回目の新たなデータr_nが得られたとします。この時、r_nが$\bar{r}_{n-1}$より大きければ、つまり、

$$\Delta r_n = r_n - \bar{r}_{n-1} > 0$$

であれば、n回目のデータを含めた新たな平均値$\bar{r}_n$はその分だけ大きくなるはずです。(1.2)は、その修正量がちょうど$\frac{1}{n}\Delta r_n$で与えられることを意味します。Δr_nが負の値

の場合も同様の解釈ができます。

そして、ここでのポイントは、n が大きくなるにつれて、差分 Δr_n に伴う修正の割合が小さくなる、つまり、新たに得られたデータの影響が小さくなるという点です。データ全体の平均値を計算するという意味では、これは正しい計算方法ですが、推定するべき μ の値が変化していく場合、新しいデータの影響が小さくなると、μ の変化に追従できなくなります。そこで、差分による修正を常に同じ割合で行うように変更してみます。

$$q_n = q_{n-1} + \alpha(r_n - q_{n-1}) \tag{1.3}$$

上記の q_n は (1.2) の $\bar{r}_n$ に相当するものですが、(1.3) で計算されるものは、r_n の平均値 $\bar{r}_n$ とは異なるものなので、記号を q_n に変更しています。α は $0 \sim 1$ の範囲の定数で、新しいデータの影響を取り込む「重み」にあたります。たとえば、$\alpha = 1$ にすると、(1.3) は $q_n = r_n$ となり、過去のデータは一切無視して、直近のデータを μ の推定値として採用することを意味します。一方、α を小さくすると、新しいデータによる修正量は小さくなり、$\alpha = 0$ の場合は、q_n は初期値 q_0 から一切変化しません。このように、α は、新しく得られたデータによる修正量を調整するハイパーパラメーターになります注10。

そこで、α の値を適切にチューニングした上で、(1.2) の代わりに (1.3) を用いて、それぞれのマシンから得られる乱数の平均 μ_n を推定すれば、μ_n が徐々に変化する場合にも対応できると予想されます。この方法を実際にコードとして実装して、結果を確認してみましょう。フォルダー「Chapter01」にある、次のノートブックを用いて説明を進めます。

- 02_Bandit_Algorithm_2.ipynb

前節で用いたノートブック「01_Bandit_Algorithm_1.ipynb」と同じ内容のセルもありますが、その部分については、コードの引用は省略します。たとえば、はじめのセル [BA2-01] は、前節の [BA2-01] と同じ内容で、必要なモジュールをインポートしています。

次に、多腕バンディット問題の環境を表す Bandit クラスを定義します。

注10　文献によっては、「学習率」や「ステップパラメーター」とも呼ばれます。

[BA2-02]

```
1: class Bandit:
2:   def __init__(self, arms=10):
3:     self.arms = arms
4:     self.means = np.zeros(self.arms)
5:
6:   def select(self, arm):
7:     reward = np.random.normal(loc=self.means[arm], scale=1.0)
8:     # Add random values to the means.
9:     self.means += np.random.normal(loc=0.0, scale=0.01, size=self.arms)
10:     return reward
```

　一見すると、前節の[BA1-02]と同じに見えますが、2つの違いがあります。まず、4行目で、それぞれのマシンが発生する乱数の平均 μ_n を設定する際は、ランダムに設定するのではなく、すべて同じ0にしてあります。μ_n の値は、はじめからランダムに設定されるのではなく、0から出発して、ランダムに変化していくという想定のゲームだととらえてください。

　そして、マシンのボタンを押して点数を取得する関数selectにおいて、9行目に新たな処理が追加されています。これは、それぞれの μ_n に対して、平均0、標準偏差0.01の正規分布の乱数を加えます。つまり、エピソードの実施中は、マシンを選択してボタンを押すごとに、それぞれの μ_n の値が、およそ±0.01の範囲でランダムに変動していきます。

Column　　NumPyのarrayオブジェクト

　[BA2-02]のコードでは、4行目ですべての μ_n を0に初期化する際に、通常のリストを用いて[0]*self.arms とする代わりに、関数np.zerosを用いて、self.arms個の0で初期化されたNumPyのarrayオブジェクトを取得しています。arrayオブジェクトは、通常のリストに対して数値計算に便利な機能を追加したもので、たとえば、次のように成分ごとの足し算や掛け算が実行できます。

```
1: a = np.array([1, 3, 5, 7])
2: b = np.array([2, 4, 6, 8])
3: print ('a = {}'.format(a))
4: print ('b = {}'.format(b))
5: print ('a + b = {}'.format(a + b))
6: print ('a * b = {}'.format(a * b))
```

```
a = [1 3 5 7]
b = [2 4 6 8]
a + b = [ 3  7 11 15]    ← 成分ごとの足し算
a * b = [ 2 12 30 56]    ← 成分ごとの掛け算
```

　先ほどの場合は、[BA2-02]の9行目で、成分ごとの足し算を行うために、arrayオ
ブジェクトを使用しています。関数np.random.normalは、オプションsizeで指定さ
れた個数の乱数を返しますが、複数の値を返す場合はarrayオブジェクトの形式にな
ります。そのため、9行目のように、普通の数（スカラー）と同様に足し算をすれば、
自動的に成分ごとの足し算が行われます。通常のリストでこのような演算を行う際は、
リストの内包表記を用いるなどの工夫が必要となる点に注意してください。
　また、引数としてリストを要求する関数にarrayオブジェクトを受け渡すと、自動
的にリストに変換されるので、このような場合は、リストとarrayの違いを意識せず
に使用することができます。

　その次の[BA2-03]は、前節の[BA1-05]と同じで、ε-greedyポリシーでアクション
を選択する関数get_actionを定義しています。そして次は、1回分のエピソードを実
行する関数episodeを定義します。

[BA2-04]
```
 1: def episode(bandit, alpha, steps):
 2:   total_rewards = [0]
 3:   qs = [0] * bandit.arms
 4:   count = [0] * bandit.arms
 5:
 6:   for _ in range(steps):
 7:     arm = get_action(qs, epsilon=0.1)
 8:     reward = bandit.select(arm)
 9:     # Append total rewards
10:     total_rewards.append(total_rewards[-1] + reward)
11:
12:     # Update an estimate of the mean.
13:     if alpha == 0: # Use an average to estimate the mean.
14:       count[arm] += 1
15:       qs[arm] += (reward - qs[arm]) / count[arm]
16:     else: # Update an estimate with a constant weight.
17:       qs[arm] += alpha * (reward - qs[arm])
18:
```

```
19:    return total_rewards
```

これは、前節の [BA1-06] に相当するものですが、いくつかの変更がなされています。まず、ε-greedy ポリシーのハイパーパラメーターである ε の値は、$\varepsilon = 0.1$ に固定してあり（7行目）、その代わりに、新しいオプション alpha が追加されています。これは、(1.3) の α にあたるもので、平均 μ_n の推定値を更新する際の重みを与えます。具体的には、17行目で (1.3) の更新処理を行っています。ただし、13〜17行目の全体では、以前と同様に、これまでに得られた点数の平均値で推定する方法も選べるようにしてあります。alpha に 0 を指定した場合は、(1.3) ではなく、以前と同じ (1.2) による更新が行われます（13〜15行目）。

それでは、いくつかの α の値を用いて、実際にエピソードを実行した結果を確認します。

[BA2-05]
```
1: rewards = {}
2: for alpha in [0, 0.1, 0.5, 0.9]:
3:   bandit = Bandit()
4:   rewards['α={}'.format(alpha)] = episode(bandit, alpha, steps=2000)
5:
6: ax = DataFrame(rewards).plot()
7: _ = ax.set_xlabel('Step')
8: _ = ax.set_ylabel('Total rewards')
```

これは、前節の [BA1-07] に相当しますが、2行目にあるように、オプション alpha について、[0, 0.1, 0.5, 0.9] の4つの場合を試しています。最初の0は、以前と同じ平均値で推定する方法で、残りの3つが $\alpha = 0.1, 0.5, 0.9$ の場合に相当します。また、(1.2) の関係を思い出すとわかるように、平均値を用いた方法の場合、ボタンを押す回数が増えるに従って推定値の修正量は小さくなります。したがって、エピソードのステップ数が大きくなるほど、平均値を用いた方法は不利になると考えられます。そこで、ここでは、オプション steps に指定するステップ数を少し大きくして、2,000にしています（4行目）。

そしてもう1つ、[BA1-07] との重要な違いが3行目にあります。[BA1-07] では、Bandit クラスのインスタンス bandit を取得するのは、はじめの1回だけで、オプション epsilon についてのループを回す際は、同じインスタンスを再利用していました。

一方、今回は、オプションalphaの値ごとにインスタンスbanditを再取得しています。これは、エピソードを実行すると、インスタンスが保持するμ_nの値が変動するためです。先ほど[BA2-02]の部分で説明したように、今回は、μ_nの値はすべて0に統一した状態でゲームを開始するという前提なので、alphaの値ごとにインスタンスを再取得して、μ_nの値を再初期化しています。このような点を見落として以前のコードを再利用すると、思わぬ間違いを犯すことがあります。強化学習のアルゴリズムを実装する際は、環境やエージェントの状態がどのように変化するかをステップごとに丁寧に理解することを心がけてください。

このコードを実行すると、**図1.17**のような結果が得られます。これまでと同様にランダムな要素を持つゲームなので、実行ごとに結果が変わります。今回の場合、どのαの値が有利になるかは、実行ごとに比較的大きく変化します。平均的に最も有利なαの値を発見するには、複数の実行結果を比較する必要がありそうです。そこで、前節の[BA1-08]と同様のコードを用いて、グリッドサーチを実施します。次は、グリッドサーチを実施する関数hypertuneの定義です。

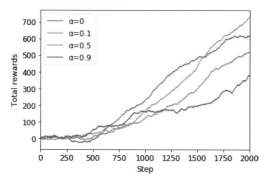

図1.17　μ_nが変動する場合の結果（$\alpha = 0$は平均値を用いた推定）

[BA2-06]

```
1: def hypertune(values, num_samples):
2:   rewards = {}
3:   for alpha in values:
4:     scores = []
5:     for _ in range(num_samples):
6:       bandit = Bandit() # Prepare a new environment.
7:       result = episode(bandit, alpha, steps=2000)
8:       scores.append(result[-1]) # Append the final (total) reward.
```

```
 9:    rewards['{:1.1f}'.format(alpha)] = scores
10:
11:    ax = DataFrame(rewards).plot(kind='box', figsize=(6, 8))
12:    _ = ax.set_xlabel('α')
13:    _ = ax.set_ylabel('Total rewards')
```

　オプション values には、試してみる α の値を保存したリスト、num_samples には、エピソードの実行回数（それぞれの α に対してゲームを実施する回数）を指定します。7行目にあるように、1回のエピソードのステップ数（マシンを選んでボタンを押す回数）は、2,000 に固定してあります。つまり、それぞれの α について、2,000 回ボタンを押した時の合計点数を num_samples 回収集します。最後に、11〜13行目で、収集した結果を箱ひげ図にプロットします。11行目の plot メソッドにあるオプション figsize は、グラフ全体のサイズを指定するもので、結果を見やすくするために、デフォルトよりも縦の長さを大きくしてあります。

　次は、関数 hypertune を実行して、実際に箱ひげ図を描きます。

[BA2-07]
```
1: hypertune(np.linspace(0, 1.0, 11), num_samples=500)
```

　ここでは、最初のオプションに np.linspace(0, 1.0, 11)、すなわち、$[0, 0.1, 0.2, \cdots, 1.0]$ を指定して、平均値を用いて推定する場合、および、$\alpha = 0.1, 0.2, \cdots, 1.0$ の場合を比較しています。オプション num_samples=500 を指定することで、それぞれについて、2,000 ステップ後の合計点数を 500 回分ずつ取得しています。このコードを実行すると、数分後に図1.18のような結果が得られます。この結果を見ると、今回の例では、平均的には $\alpha = 0.1$ の場合に最もよい結果が得られることがわかります。

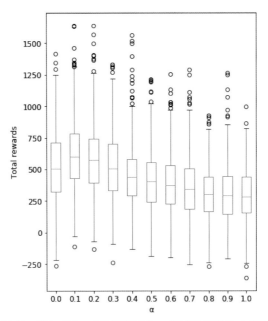

図1.18　グリッドサーチの実行結果（$\alpha = 0$は平均値を用いた推定）

1.4.2　初期値を用いた探索のトリック

　前項では、それぞれのマシンが発生する乱数の平均 μ_n を推定する方法として、平均値を用いて推定する方法と、一定の重み α で推定値を更新する方法の2種類を比較しました。次に、それぞれの計算式を再掲しておきます。

$$\bar{r}_n = \bar{r}_{n-1} + \frac{1}{n}(r_n - \bar{r}_{n-1}) \tag{1.4}$$

$$q_n = q_{n-1} + \alpha(r_n - q_{n-1}) \tag{1.5}$$

　また、環境の状態がステップごとに変化する場合は、α の値を適切にチューニングすることで、(1.5) の方がよい結果が得られることがわかりました。それではここで、環境の状態が変化しない場合に、あえて (1.5) を適用するとどうなるでしょうか？「状態が変化しない場合」というのは、「状態が変化する場合」において、変化量が0になるという特殊例とも考えられますので、もしかしたら、平均値を用いた方法 (1.4) と同等の結果が得られるかもしれません。これは、ノートブック「01_Bandit_Algorithm

_1.ipynb」において、[BA1-06] の関数 episode を修正すると試すことができます。具体的な修正方法は読者の宿題としますが、実際に試してみると、α の値を適切に設定すれば、平均値を用いた方法とほぼ同じ結果が得られることがわかります[注11]。さらにまた、現実の問題では、時間と共に環境が変化する場合の方が多いこともあり、平均値で推定する (1.4) の手法よりも、重みを固定して修正する (1.5) の手法の方が実際にはよく用いられます。

ただし、(1.5) を用いる場合には、推定値 q_n に対する初期値 q_0 の設定に少し注意が必要です。たとえば、(1.4) の場合は、初期値 $\bar{r}_0$ の設定はその後の計算に影響を与えません。(1.4) で $n = 1$ の場合を考えると、

$$\bar{r}_1 = \bar{r}_0 + (r_1 - \bar{r}_0) = r_1$$

となるので、最初のデータ r_1 を用いて 1 回目の修正を行った時点で、$\bar{r}_0$ の値は関係なくなります。一方、(1.5) の場合は、$n = 1$ とすると、

$$q_1 = q_0 + \alpha(r_1 - q_0) = \alpha r_1 + (1 - \alpha)q_0$$

となり、q_0 の影響がそのまま残ります。仮に q_0 に極端に大きな値を設定した場合、しばらくの間、推定値 q_n は大きな値のままで、真の値に近づくのに時間がかかってしまいます。q_n の初期値 q_0 は、常識的な範囲で、真の値に近いと思われる値を設定する必要があります。

ところが一方、この状況を逆手に取り、q_0 を意図的に操作することで、エピソードの初期の動作をコントロールするという手法があります。たとえば、ノートブック「01_Bandit_Algorithm_1.ipynb」で説明した最初の問題において、平均値を用いて推定する方法ではなく、一定の重みで修正する方法 (1.5) を適用した上で、それぞれのマシンに対する μ_n の推定値の初期値を 3.0 に設定すると何が起きるか想像できるでしょうか？ —— やや荒っぽい議論ですが、順を追って考えると、次のようになります。

まず、μ_n の値は、およそ ±1.0 の範囲の乱数で設定されていることを考えると、最初に選んだマシンがどれであれ、得られる点数は 3.0 より小さいものと考えられます。したがって、得られた点数を用いて、そのマシンの μ_n の推定値を (1.5) で修正すると、

注11　この理由については、章末の演習問題で説明しています。

その値は3.0よりも少しだけ小さくなります。そして、次のマシンを選ぶ際は、ε-greedyポリシーによって、「活用」が選択されたとします。この場合、μ_nの推定値が最も大きいマシンが選ばれるわけですが、最初に選ばれたマシンが再度選ばれることはありません。初回の修正により、そのマシンに対する推定値は、他のマシンに設定された初期値3.0よりも小さくなっているからです。

そして、2回目に選ばれたマシンについても、実際に得られる点数は3.0より小さいでしょうから、このマシンに対するμ_nの推定値は3.0よりも小さくなります。この議論を繰り返すとわかるように、仮に、ε-greedyポリシーの「活用」だけが選ばれ続けたとすると、最初は、それぞれのマシンを順番に1回ずつ選ぶことになります。その後も同様で、再度選ばれたマシンに対するμ_nの推定値は、再度、他のマシンよりも小さくなるので、次もまた、それぞれのマシンが順番に選ばれます。つまり、それぞれのマシンに対する推定値は、ほぼ横並びに3.0から下がっていき、やがて、μ_nが最大のマシンについては、そこから下がらなくなります。このように、推定値の初期値をあえて大きく設定すると、エピソードの初期において、すべてのマシンを満遍なく選択させることができます。

一方、初期値がすべて0だとした場合、μ_nが最大のマシンが最初に選ばれるタイミングは、偶然に頼ることになります。ε-greedyポリシーによって「探索」が選ばれた上で、さらにどれか1つのマシンがランダムに選ばれた際に、このマシンが選ばれるのを待つ必要があります。そのため、μ_nが最大のマシンがなかなか選ばれず、このマシンを探し出す（つまり、このマシンに対するμ_nの推定値が、他のマシンに対する推定値よりも大きくなる）のに時間がかかる恐れがあります。これは、このような問題を回避するためのテクニックとなります。

言葉による説明だけではわかりにくいので、実際のコードを書いて試してみることにしましょう。フォルダー「Chapter01」にある、次のノートブックを用いて説明を進めます。

- 03_Bandit_Algorithm_3.ipynb

これまでと同じ内容のセルについては、コードの引用は省略して、ポイントのみを解説していきます。はじめのセル [BA3-01] で必要なモジュールをインポートしておき、次のセルでBanditクラスを定義します。

[BA3-02]

```
1: class Bandit:
2:   def __init__(self, arms=10):
3:     self.arms = arms
4:     self.means = np.linspace(-2, 1.5, arms)
5:
6:   def select(self, arm):
7:     reward = np.random.normal(loc=self.means[arm], scale=1.0)
8:     return reward
```

ここでは、4行目に注目してください。推定値の変化がわかりやすくなるように、それぞれのマシンの μ_n の値は、乱数を用いずに、区間 $[-2.0, 1.5]$ を等間隔に分割した値に設定しています。

次のセル [BA3-03] では、これまでと同じく、ε-greedy ポリシーでアクションを選択する関数 get_action を定義しています。そして次に、1回分のエピソードを実行する関数 episode を定義します。

[BA3-04]

```
1: def episode(bandit, q_0, steps):
2:   qs = [q_0] * bandit.arms
3:   qs_hist = {}
4:   # Initialize qs_hist with empty lists.
5:   for arm in range(bandit.arms):
6:     qs_hist[arm] = []
7:
8:   for _ in range(steps):
9:     arm = get_action(qs, epsilon=0.1)
10:    reward = bandit.select(arm)
11:    # Update an estimate with a constant weight 0.1.
12:    qs[arm] += 0.1 * (reward - qs[arm])
13:
14:    # Record the estimates of means
15:    for arm in range(bandit.arms):
16:      qs_hist[arm].append(qs[arm])
17:
18:  return qs_hist
```

オプション q_0 には、μ_n の推定値の初期値 q_0 を指定します。2行目で、すべてのマシンに対する初期値をこの値に設定しています。また、この関数では、ステップごと

にその時点での推定値をディクショナリーqs_histに保存しています。これは、マシンの番号をキーとするディクショナリーで、対応するバリューは、該当のマシンに対する推定値の変化を記録したリストになります。5〜6行目でディクショナリーのバリューを空のリストで初期化しており、15〜16行目では、その時点での推定値qs[arm]をリストに追加しています。

　その他に、アクションの選択は$\varepsilon = 0.1$のε-greedyポリシー（9行目）で、推定値の更新は$\alpha = 0.1$の重みで行っています（12行目）。オプションstepsで指定された回数のステップが終わると、先ほどのディクショナリーqs_histを返却して終了します（18行目）。

　最後に、この関数episodeを実行して、推定値の変化をグラフに描きます。

[BA3-05]

```
1: bandit = Bandit()
2:
3: qs_hist = episode(bandit, q_0=3.0, steps=1000)
4: ax = DataFrame(qs_hist).plot(title='q_0=3.0', figsize=(6, 6), legend=False)
5: _ = ax.set_xlabel('Step')
6: _ = ax.set_ylabel('Estimate of μ')
7:
8: qs_hist = episode(bandit, q_0=0.0, steps=1000)
9: ax = DataFrame(qs_hist).plot(title='q_0=0.0', figsize=(6, 6), legend=False)
10: _ = ax.set_xlabel('Step')
11: _ = ax.set_ylabel('Estimate of μ')
```

　ここでは、初期値q_0が3.0の場合と0.0の場合について、それぞれのグラフを描いています。実行ごとに違う結果になりますが、典型的には、**図1.19**のような結果が得られます。まず、$q_0 = 3.0$の場合（**図1.19**（左））は、すべての推定値が揃って減少していき、100ステップ前後で、μ_nが最大となるマシンが選び出されていることがわかります。一番上のグラフがこれにあたりますが、この後は、ε-greedyポリシーで活用が選択されるたびにこのマシンが選ばれるため、他よりも推定値の変化が激しくなっています。

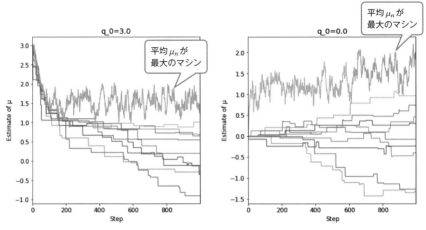

図1.19　初期値の設定による推定値の変化の違い

　一方、$q_0 = 0.0$ の場合（**図1.19**（右））は、初期の段階で、2番目に大きな μ_n を持つマシンの推定値が偶然に大きくなってしまったようです。このため、しばらくの間、このマシンが選択され続けて、600ステップ前後のところで、ようやく、μ_n が最大となるマシンの推定値が一番上に来ています。推定値が最大でないマシンは、ε-greedy ポリシーで探索が選択されない限り選ばれることがないため、このような現象が発生します。

　今回の多腕バンディット問題であれば、このテクニックによる効果はさほど大きなものではありませんが、今後、より複雑な問題を扱う際は、推定値の初期値の設定にも注意を払う必要があることを覚えておいてください。

▌演習問題

Q1　それぞれのマシンが発生する乱数の平均 μ_n の推定方法として、平均値を用いた方法（1.4）を用いた場合、**図1.19**（右）のグラフ（$q_0 = 0.0$ の場合）はどのように変わるでしょうか？　実際にコードを書いて、その特徴を確認してください。また、その結果を用いて、次の理由を説明してください。

- 平均 μ_n が変動しない場合、理論上は、平均値を用いた方法（1.4）の方が、一定の重みで更新する方法（1.5）よりも正確な推定ができます。しかしながら、実際のゲーム結果（合計点数）については、どちらの方法でも大きな違いは現れません。

解答

A1　コード例は、フォルダー「Chapter01」にある、次のノートブックを参照してください。

- 04_Bandit_Algorithm_4.ipynb

　ランダムな要素のあるアルゴリズムなので、実行ごとに結果が異なりますが、典型的には、**図1.20**のような結果が得られます。**図1.19**（右）と比較すると、大きく2つの特徴が見られます。

　まず、**図1.19**（右）では、それぞれの推定値（特に、推定値が最大ではないもの）は、0から徐々に広がっていきますが、**図1.20**では、最初の段階ですぐに大きく広がっています。これは、平均値を用いた推定方法の場合、最初のデータ r_1 が得られた時点で、推定値（平均値）が r_1 に一致するためです。一方、「1.4.2 初期値を用いた探索のトリック」で説明したように、一定の重みで更新する方法の場合は、初期値 q_0 の影響がしばらく残るため、それぞれの推定値は、初期値である0から徐々に変化することになります。

　次に、**図1.19**（右）では、推定値が最大のものは、その値が激しく変動しているのに対して、**図1.20**では、ほとんど変動せずに一定の値に収束しています。これは、多数のデータを集めて平均値を取れば、真の平均に一致するという「大数の法則」に従った自然な結果です。一方、一定の重みで更新する方法の場合は、最近得られたデータによって、過去のデータの影響を上書きすることになるため、推定値は収束せずに変動を続けることになります。

　ただし、いずれの場合においても、μ_n が最大のマシンに対する推定値がすべての推定値の中で最大となった後（**図1.19**（右）であれば、およそ600ステップ以降、**図1.20**であれば、およそ400ステップ以降）は、それが最大であるという状況は変わりません。ε-greedy ポリシーでは、「活用」において、「推定値が最大のマシン」を選択するので、μ_n が最大のマシンに対する推定値が正しく最大になっていればよく、推定値そのものが正確である必要はありません。これが、平均値を用いた方法（1.4）と一定の重みで更新する方法（1.5）で、同等のゲーム結果（合計点数）が得られる理由になります。

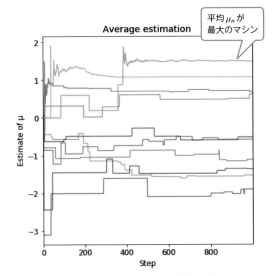

図1.20 平均値を用いた推定値の変化

Chapter

2

環境モデルを用いた
強化学習の枠組み

2.1 マルコフ決定過程による環境のモデル化

　第1章では、多腕バンディット問題を用いて、環境からデータを集めながら最適な
アクションを探し出すという、強化学習の基本的な考え方を学びました。本章では、
より一般的な問題を体系的に扱うために、「マルコフ決定過程」の枠組みを導入します。
これまでと同じく、「環境から得られる報酬の合計を最大化するように、エージェン
トの行動ポリシーを学習する」という考え方が基本になりますが、この際に、報酬を
どのように与えるかという「報酬設計」が重要となります。あるいは、状態遷移をツリー
状に展開した「バックアップ図」を利用することで、行動に伴う報酬の合計を計算す
るための考え方が理解できます。ここでは、次節以降で具体的な学習アルゴリズムを
学ぶ準備として、簡単な例を用いながらこれらの基礎概念を説明していきます。

2.1.1　状態遷移図と報酬設計

　「マルコフ決定過程」を理解する上でポイントになるのは、環境の「状態」という考
え方です。たとえば、多腕バンディット問題においては、それぞれのマシンが発生す
る乱数の平均μ_nはあらかじめ決められていました。さらに、「1.3　バンディットア
ルゴリズム（基本編）」では、ゲームの実施中にその値が変化しないという前提で説明
を進めました。これは、環境の状態が1つに固定されていて「変化しない」というこ
とです。

　一方、「1.4.1　非定常状態への対応」では、ゲームの実施中にμ_nの値が変化する場
合を考えました。これは、環境の状態が「変化する」場合にあたります。環境の状態
が変化する場合、当然ながら、その時々の状態に応じて最適なアクションが変わりま
す。また、選択したアクションが、その後の環境の状態変化に影響するということも
あり得ます。このような意味において、「1.4.1　非定常状態への対応」で用いた例は、
実は、強化学習の問題としては特殊な例にあたります。そこでは、環境の状態（すな
わち、μ_nの値）は、選択したアクションとは無関係にランダムに変化する上に、さら
にμ_nは任意の実数値を取り得るので、（μ_nの値には無限個の可能性があるという意
味で）環境の状態に無限個のバリエーションがあることになります。

　ここでは、もう少しシンプルな状況として、「環境の状態は有限個で、さらに、環

境の状態は選択したアクションに応じて変化する」という場合を考えます。これは、いわゆる状態遷移図で表現することができます。たとえば、**図2.1**は、状態遷移図の説明でよく登場する、自動販売機の例です。「コインを1枚だけ投入して、購入ボタンを押すと商品が出てくる」という仕組みを表しており、「コイン未投入」と「コイン投入済み」の2つの状態があります。実際の自動販売機を単純化したものと思ってください。購入ボタンの他に、投入済みのコインが戻ってくる返却ボタンもありますが、戻ってくるコインは1枚だけです。コインを2枚以上投入した場合、2枚目以降のコインは没収されるという、ちょっと意地悪な仕様になっています。

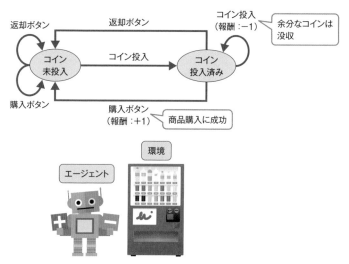

図2.1 自動販売機の状態遷移図

　また、一般的な状態遷移図と異なる点として、**図2.1**には、「報酬」の情報が付与されています。商品の購入に成功すると「+1」、2枚目以降のコインを投入して没収されると「−1」の報酬が与えられます。一般に、強化学習では、望ましい事象には正の報酬、望ましくない事象には負の報酬を与えます。そして、この環境に対してアクションを実行するエージェントは、得られる報酬の合計ができるだけ大きくなるようにアクションを選択する必要があり、そのための行動ポリシー、すなわち、アクションの選択ルールを決定することが強化学習のゴールになります。

　なお、ここで定義する報酬は、現実に得られる利益とは無関係な点に注意してください。これは、エージェントに対して、「どのように行動するべきか」という指針を

与えるために人為的に導入したものであり、エージェントに何を学習させたいのかという意図にあわせて設計する必要があります。たとえば、**図 2.1** の場合は、「コインを無駄にせずに、商品を購入したい」という設計者の意図が反映されているわけです。

そして、この問題の場合、報酬の合計を大きくするというゴールは、**表 2.1** の行動ポリシーで実現できます。この表に従って「コイン投入」と「購入ボタン」のアクションを繰り返せば、報酬は無限に増え続けます。ただし、報酬を増やすスピードを気にしなければ、**表 2.2** のようなポリシーでも構いません。環境の状態が「コイン投入済み」の場合に、「返却ボタン」か「購入ボタン」のどちらかを確率 $\frac{1}{2}$ でランダムに選択するのです。この場合、投入したコインを返却するという余分な行動が加わりますが、長期的に見れば、報酬が 1 ずつ増えていくという結果は変わりません。さらに細かいことを言うと、コインを余分に投入して−1 の報酬が発生するような行動ポリシーも除外されるわけではありません。仮に−1 の報酬が発生しても、その後+1 の報酬を獲得し続ければ、最終的には報酬は無限に増え続けることになります。

表 2.1　自動販売機エージェントの行動ポリシー：例 1

状態	アクション
コイン未投入	コイン投入
コイン投入済み	購入ボタン

表 2.2　自動販売機エージェントの行動ポリシー：例 2

状態	確率	アクション
コイン未投入	1	コイン投入
コイン投入済み	$\frac{1}{2}$	返却ボタン
	$\frac{1}{2}$	購入ボタン

それでは、このような曖昧さを避けて、確実に**表 2.1** の行動ポリシー、すなわち、余分な行動をせず、効率的に商品を購入する行動ポリシーを実現するにはどうすればよいのでしょうか。―― 実は、ここには、強化学習における「報酬設計」の問題が隠されています。強化学習では、あくまでも「報酬の合計」が大きくなることを目標にエージェントの行動ポリシーを学習します。そこで、学習によって到達するべきゴール、すなわち、エージェントに何を実現させたいのかという目的にあわせて、得られる報酬をうまく設定する必要があります。今回の例であれば、負の報酬を設定する方法と、報酬の割引率を導入する方法が考えられます。それぞれ、エピソード的タスク、およ

び、非エピソード的タスクに対して用いられる方法なので、項を分けて説明すること
にします。

❶ エピソード的タスク

　はじめに、負の報酬を設定する方法ですが、ここでは、**図2.1**の状態遷移図を少し
書き換えて、**図2.2**に修正した場合を考えます。これは、状態遷移図に「終了状態」
が含まれる場合で、この状態に到達すると、エージェントの行動はそこで終了します。
囲碁や将棋であれば、対局が終わって勝敗が決定した状態に相当します。今回の場合
は、商品を1つ購入した時点で、エージェントの役割は終了するという想定です。「1.3.3
『活用』と『探索』の組み合わせ」で、「エピソード」という言葉を紹介しましたが、「コ
イン未投入」の初期状態から「終了状態」に至るまでの一連の流れが1つのエピソード
にあたります。このように、終了状態を持つ環境での行動を「エピソード的タスク」
と呼びます。

　そして、**図2.2**の場合、**表2.1**と**表2.2**のどちらの行動ポリシーを用いても、最終
的には、+1の報酬が得られてエピソードが終了します。仮に、「コインを無駄にせず
に商品を1つ購入すること」が目的であれば、どちらも正しく目的を達成していると
言えます。一方、先ほど述べたように「余分な行動」を減らしたいのであれば、「コ
インを無駄にせず、かつ、できるだけ短時間で商品を1つ購入すること」と目的を言い
換える必要があります。この場合、商品購入までに時間がかかることは望ましくない
事象ですので、**図2.2**において、報酬が設定されていない4つの矢印に、それぞれ、−1の
報酬を付与するという方法が考えられます（**図2.3**）。

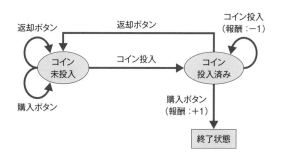

図2.2　自動販売機の状態遷移図（終了状態がある場合）

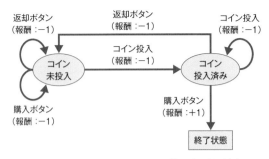

図2.3　自動販売機の状態遷移図（負の報酬を追加）

　こうすれば、報酬の合計を最大化するという観点から、**表2.1**の行動ポリシーは、**表2.2**の行動ポリシーよりも優れていることになります。なぜなら、**表2.1**の行動ポリシーの場合、1回のエピソードで得られる報酬の合計は、確実に0になります。最初のコイン投入で−1の報酬が与えられる点に注意してください。一方、**表2.2**の行動ポリシーの場合は、エージェントの行動に確率的な動作が含まれており、1回のエピソードで得られる報酬の合計は場合によって異なります。ただし、直感的にもわかるように、その期待値は0未満になります。あえて厳密に計算するなら、次のようになるでしょう。

　今、$n = 0, 1, 2, \cdots$として、「返却ボタンをn回選択した後に$n+1$回目に購入ボタンを選択する」という確率は$\left(\dfrac{1}{2}\right)^{n+1}$で、この時に得られる報酬の合計は$-2n$です。それぞれの場合について、確率と総報酬を掛けたものを足し合わせれば、総報酬の期待値が得られます。次の計算結果を見ると、確かに0未満の値が得られることが確認できます（2つ目の等号では、P.53のコラム「無限級数の公式」の(2.4)において、$r = \dfrac{1}{2}$としたものを適用）。

$$\sum_{n=0}^{\infty} \left(\frac{1}{2}\right)^{n+1} (-2n) = -\frac{1}{2} \sum_{n=1}^{\infty} n \left(\frac{1}{2}\right)^{n-1} = -\frac{1}{2} \cdot \frac{1}{\left(1 - \frac{1}{2}\right)^2} = -2$$

　したがって、**図2.3**の報酬設計を行えば、総報酬の期待値をできるだけ大きくするという方針で、**表2.1**の行動ポリシーが学習できることになります。繰り返しになりますが、エージェントを学習する目的を明確にした上で、その目的に合致した報酬を

設定することが重要になります^{注1}。

ちなみに、もう少し現実的な例として、将棋をプレイするエージェントの学習を考えた場合、報酬設計はどのように行うべきでしょうか？　結論から言うと、「対戦相手に勝つ」という将棋の目的に合致するのは、「勝利が確定する最終手を打った時に+1の報酬が得られる（それ以外のアクションに対する報酬はすべて0）」という報酬設計になります。ゲームの途中でまったく報酬が得られないとすると、エージェントは次の手の良し悪しが判断できず、学習が困難になると思うかもしれませんが、その点については、報酬設計の段階では気にする必要はありません。そのような困難を乗り越えて、あくまで、最終的に得られる総報酬を最大化する行動ポリシーを学習することが、強化学習のアルゴリズムの役割です。

想像力が豊かな読者であれば、「飛車を取ると正の報酬が得られる」といった設定を想像するかもしれませんが、飛車を取ること自体はゲームの目的ではありませんので、これは適切な報酬設計とは言えません。「飛車を取ると有利になる（ことが多い）」という事実は、ゲームの目的を達成する方法を学習する中で、学習アルゴリズムが自然に発見するべき事実なのです。仮に、飛車を取ることに正の報酬を与えたとすると、飛車を取らずに勝利するパターンが学習できなくなる可能性もあるでしょう。

❷ 非エピソード的タスク（報酬の割引率）

もう1つの方法である、報酬の割引率を説明します。ここでは、最初の**図2.1**のように、終了状態がなく、エージェントが環境内でいつまでも行動を取り続ける場合を考えます。このような行動を「非エピソード的タスク」と呼びます。この場合、エージェントが獲得する報酬はいつまでも増え続けて、総報酬が無限大に発散する可能性があります。総報酬を最大にする行動ポリシーを学習することが強化学習のアルゴリズムの役割と言いましたが、総報酬の値が確定しなければ、そのようなアルゴリズムを考えることはできません。そこで、無限個の報酬の合計が有限の値になるように、次のような工夫をします。

まず、**表2.1**、**表2.2**の例にあるように、エージェントは環境の状態Sに応じてアクションAを選択します。その結果、状態遷移図に従って、環境が新しい状態S'に遷移すると同時に、エージェントには報酬Rが与えられます。そして、エージェント

注1　図2.3では、コインを余分に投入して没収されるという事象にも報酬−1が設定されていますが、この値は再検討の余地があるかもしれません。コインの没収を避けることがより重要であれば、−2など、さらに小さな値を設定しても構いません。

は、状態 S' に応じて、さらに次のアクション A' を選択するというサイクルを繰り返します。1つのアクションによって、時刻 t の値が1だけ進むものとすれば、この一連の変化は、次のように表すことができます。

$$S_0 \underset{A_0}{\longrightarrow} (R_1, S_1) \underset{A_1}{\longrightarrow} (R_2, S_2) \underset{A_2}{\longrightarrow} \cdots$$

それぞれの記号の添字は時刻 t を示しており、「時刻 t の状態 S_t に対して、アクション A_t を選択すると、報酬 R_{t+1} が得られて、状態が S_{t+1} に変化する」という流れに対応します。報酬が得られなかった場合は、$R_t = 0$ と定義します。そして、γ（ガンマ）を0.9などの1より少しだけ小さな値として、時刻 $t = 0$ 以降に得られる報酬の合計を次式で定義します。

$$G_0 = R_1 + \gamma R_2 + \gamma^2 R_3 + \cdots = \sum_{n=1}^{\infty} \gamma^{n-1} R_n \tag{2.1}$$

これは、後から得られる報酬については、その分だけ価値を割り引いて考えるというもので、γ の値を「割引率」と言います。たとえば、$\gamma = 0.9$ とした場合、報酬 R が時刻 $t = 1$ に得られたとするとその価値は R のままですが、$t = 2$ に得られたとするとその価値は $0.9R$、さらに、$t = 3$ に得られたとすると $0.9^2 R = 0.81R$ となります。こうすれば、同じ報酬 R であっても、できるだけ早いタイミングで受け取った方が、総報酬 G_0 への寄与はより大きなものとなります。γ の値を小さくするほど（0に近づけるほど）、早く報酬を獲得しようという動機付けは大きくなります。たとえば、**図2.1** の状態遷移図に**表2.1** の行動ポリシーを適用した場合を考えると、「コイン未投入」の状態から出発して、「コイン投入（報酬0）」と「購入ボタン（報酬+1）」のアクションを繰り返すので、無限に行動を繰り返した際の総報酬は次のように計算されます（3つ目の等号では、次ページのコラム「無限級数の公式」の (2.3) において、$r = \gamma^2$ としたものを適用）。

$$G_0 = 0 + \gamma \times 1 + 0 + \gamma^3 \times 1 + \cdots = \gamma \sum_{n=1}^{\infty} \gamma^{2(n-1)} = \frac{\gamma}{1 - \gamma^2} \tag{2.2}$$

一方、**表2.2** の行動ポリシーのように、途中で余分な行動が入る場合は、その分だ

け総報酬の値は小さくなります。したがって、(2.1) で定義される G_0 を最大化するように学習を行えば、**表2.1** の行動ポリシーが最適なものとして選ばれることになります。

また、(2.2) の計算を見ると、割引率を導入すれば、報酬の合計値は必ず有限の値に収まることがわかります。任意の状態遷移図において、そこに含まれる報酬の最大値を R_{max} とすると、総報酬の値は、(毎回 R_{max} が得られると仮定した) 次の値より大きくなることはないからです (2つ目の等号では、以下のコラム「無限級数の公式」の (2.3) において、$r = \gamma$ としたものを適用)。

$$R_{max} + \gamma R_{max} + \gamma^2 R_{max} + \cdots = R_{max} \sum_{n=1}^{\infty} \gamma^{n-1} = \frac{R_{max}}{1 - \gamma}$$

このため、非エピソード的タスクの場合は、「余分な行動を減らしたい」という意図とは別に、報酬の合計値が無限に大きくなることを防ぐためにも割引率の導入が必須となります。また、エピソード的タスクの場合でも、エージェントが終了状態に到達せずに正の報酬を獲得し続ける可能性がある場合は、割引率の導入が必要です。割引率 γ の値をどのように設定するかは問題ごとに判断が必要ですが、経験的には、極端に小さな値を設定しなければ、学習結果はそれほど大きく変わりません。通常は、0.8〜0.95程度の値を設定しておき、必要に応じてハイパーパラメーター・チューニングで値の調整を行います。つまり、学習結果がよりよくなる値をグリッドサーチなどで探し出すわけです。

Column　　**無限級数の公式**

本文の中で、無限級数 (無限に続く数列の和) の公式を用いているので、それらの証明を簡単に示しておきます。具体的には、$-1 < r < 1$ を満たす r について成り立つ、次の2つの関係です。

$$\sum_{n=1}^{\infty} r^{n-1} = 1 + r + r^2 + \cdots = \frac{1}{1 - r} \tag{2.3}$$

$$\sum_{n=1}^{\infty} n r^{n-1} = 1 + 2r + 3r^2 + \cdots = \frac{1}{(1 - r)^2} \tag{2.4}$$

(2.3) については、はじめに、第 k 項までの和を S_k とします。

$$S_k = \sum_{n=1}^{k} r^{n-1} = 1 + r + r^2 + \cdots + r^{k-1} \tag{2.5}$$

両辺を r 倍すると次が得られます。

$$rS_k = r + r^2 + \cdots + r^{k-1} + r^k \tag{2.6}$$

(2.5) − (2.6) より、次が得られます。

$$(1-r)S_k = 1 - r^k$$
$$S_k = \frac{1 - r^k}{1 - r}$$

最後に $k \to \infty$ の極限を取ると、$r^k \to 0$ となることから (2.3) が得られます。
(2.4) についても同様に、第 k 項までの和を S_k' とします。

$$S_k' = \sum_{n=1}^{k} nr^{n-1} = 1 + 2r + 3r^2 + \cdots + kr^{k-1} \tag{2.7}$$

両辺を r 倍すると次が得られます。

$$rS_k' = r + 2r^2 + \cdots + (k-1)r^{k-1} + kr^k \tag{2.8}$$

(2.7) − (2.8) より、(2.5) の関係を用いて、次が得られます。

$$(1-r)S_k' = 1 + r + r^2 + \cdots + r^{k-1} - kr^k = S_k - kr^k$$
$$S_k' = \frac{S_k - kr^k}{1 - r}$$

最後に $k \to \infty$ の極限を取ると、S_k は (2.3) に一致して、一方、$kr^k \to 0$ となるので、
(2.4) が得られます。

2.1.2 確率的な状態変化とバックアップ図

　前項では、状態遷移図に報酬を付加することで、エージェントに行動の動機付けを与える方法を説明しました。また、**表 2.1**、**表 2.2**のように、状態ごとに対応するアクションを選択する形で、エージェントの行動ポリシーの例を示しました。特に、**表2.2**には、エージェントが確率的に行動を選択するというパターンが含まれていました。「1.3.3 『活用』と『探索』の組み合わせ」で導入した ε-greedy ポリシーは、このような、確率的に行動を選択するポリシーの一例と言えるでしょう。本項では、この考え方を拡張して、環境の状態、あるいは、環境から得られる報酬についても確率的に変化する場合を考えます。

　ここでは、簡単な例として、**図 2.4**の状態遷移図を考えます。これは、3マスからなるスゴロクを模したゲームで、スタート (S)、中間地点 (M)、ゴール (G) の3つの状態があります注2。エージェントは、スタート (S) から出発して、右 (R)、もしくは、左 (L) のいずれかのアクションを選択していきます。2回続けてRを選択すれば、S→M→Gという遷移によりゴール (G) に到達して、そこでゲームが終了します。この場合、ゴール時に得られる報酬は+5です。一方、スタート (S) で左 (L) を選択した場合は、確率的な状態遷移が発生します。確率 α でゴール (G) に移動して、+10の報酬が得られるか、もしくは、確率 $1-\alpha$ でスタート (S) に戻って、−1の報酬が発生します。また、中間地点 (M) では、左 (L) のアクションを選択してスタート (S) に戻ることもできますが、この場合は、−1の報酬が発生します。**図 2.4**では、それぞれの状態で選択可能なアクションを黒丸 (●) で示してあります。

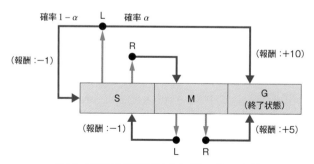

図2.4　確率的な状態遷移を含むグリッドワールド

注2　このような1次元、もしくは、2次元のマス目上を移動するゲームは、強化学習の例題としてよく登場するもので、「グリッドワールド」とも呼ばれます。マス目の数がもっと多いものや、2次元の例はこの後で登場します。

以上の内容は、**表2.3**のようにまとめることができます。各列を左から見ていくと、現在の状態Sに対してアクションAを選択すると、確率pに従って、報酬Rと次の状態S'が得られるという変化のサイクルに対応させることができます。

表2.3　グリッドワールドの状態遷移確率

状態S	アクションA	確率p	報酬R	次の状態S'
S	R	1	0	M
	L	α	+10	G
		$1-\alpha$	-1	S
M	R	1	+5	G
	L	1	-1	S

$$S_0 \xrightarrow[A_0]{} (R_1, S_1) \xrightarrow[A_1]{} (R_2, S_2) \xrightarrow[A_2]{} \cdots$$

あるいはまた、この表は、現在の状態とアクションのペア(s, a)を選んだ時に、得られる報酬と次の状態のペアが(r, s')になる条件付き確率$p(r, s' \mid s, a)$を示す表と見ることもできます注3。たとえば、状態SでアクションRを選んだ場合、確率1で、報酬は0、次の状態はMになります。つまり、$(s, a) = (S, R)$というペアを選んだ時、$(r, s') = (0, M)$という結果が得られる確率$p(0, M \mid S, R)$は1になります。

$$p(0, M \mid S, R) = 1 \tag{2.9}$$

表2.3に含まれる、その他のすべての組み合わせを書き下すと次のようになります。

$$\begin{aligned}
&p(+10, G \mid S, L) = \alpha \\
&p(-1, S \mid S, L) = 1 - \alpha \\
&p(+5, G \mid M, R) = 1 \\
&p(-1, S \mid M, L) = 1
\end{aligned} \tag{2.10}$$

これら以外の組み合わせに対する確率を0と定義すれば、$p(r, s' \mid s, a)$は、確率論における「条件付き確率」の条件を満たすことがわかります。たとえば、現在の状態と

注3　大文字のS、A、Rは、特定の状態、アクション、報酬を表しますが、これらを受け取る関数の引数は、小文字のs、a、rで表します。s、a、rは、任意の状態、アクション、報酬が代入できる変数だと考えてください。

アクションのペア (s, a) を固定して、あらゆる結果の組 (r, s') に対する確率を足し合わせると、その合計は1になります[注4]。

$$\sum_{(r, s')} p(r, s' \mid s, a) = 1$$

　この後、状態価値関数などの理論的な説明をする際は、確率 $p(r, s' \mid s, a)$ を用いて計算する場合があります。**表2.3**のような表形式で表す方法に加えて、(2.9)(2.10)のような条件付き確率を用いた表記法にも慣れておいてください。

　ここで、さらにもう1つ、状態遷移を表す方法として、**図2.5**に示す「バックアップ図」を紹介します[注5]。これは、終了状態に至るまでのすべての行動パターンをツリー状に書き下したもので、白丸（○）で状態、黒丸（●）でアクションが示されています。終了状態だけは、特別に四角（□）で示されています。たとえば、常に右（R）を選択するという行動ポリシーに従った場合は、スタート（S）から、右下に向かう矢印をたどって終了状態に到達します。図の上から下に向かって、時間が流れていくものと考えてください。

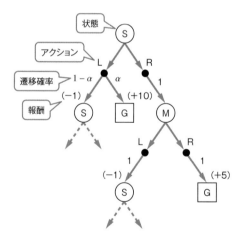

図2.5　グリッドワールドのバックアップ図

注4　$\displaystyle\sum_{(r, s')}$ は、すべての (r, s') の組み合わせについての和を表します。

注5　これをバックアップ図と呼ぶ理由は、「2.2.1　状態価値関数の定義と計算例」でわかります。

あるいは、常に左（L）を選択する行動ポリシーであれば、左下のアクションLを選択した後に、確率的に行き先が分かれます。確率$1 - \alpha$でスタート（S）に戻った場合、その下には、同じツリーが繰り返し現れることになります。**図2.5**において、波線の矢印で示されている部分は、実際には、同一のツリーが再帰的に繰り返すものと解釈してください。常に左（L）を選択する行動ポリシーがたどるパスに限定すると、**図2.6**のように、同じパターンが無限に繰り返すことになります。

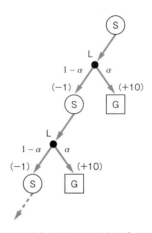

図2.6　常に左（L）を選択する場合のバックアップ図

数学好きの読者であれば、このような図を見ていると、この場合（常に左（L）を選択する行動ポリシーに従った場合）の総報酬の期待値などを計算したくなるかもしれませんが、この計算については、次の「2.2　エージェントの行動ポリシーと状態価値関数」で詳しく説明します。ここではいったん、本節のテーマである「マルコフ決定過程」についてまとめておきましょう。

結論から言うと、**図2.4**で取り扱ったような、確率的な状態遷移を含むプロセスをマルコフ決定過程と呼びます。より厳密には、有限個の「状態」とそれぞれの状態に付随する有限個の「アクション」があり、状態とアクションのペア(s, a)に対して、得られる報酬と次の状態のペアが(r, s')になる条件付き確率$p(r, s' \mid s, a)$が与えられたものを言います[注6]。つまり、遷移確率を示した**表2.3**、あるいは、条件付き確率を直接に示した(2.9)(2.10)のような表式が、数学におけるマルコフ決定過程の厳密な定

注6　状態とアクションが無限個の場合を考えることもできますが、本書では有限個の場合のみを取り扱います。

義にあたります。

　ここでポイントになるのは、次に発生する事象（得られる報酬 R と次の状態 S'）の確率は、現在の状態 S と選択したアクション A だけで決まり、その他の隠された情報には依存しないという点です。たとえば、**図2.4** の例で、スタート（S）で左（L）を2回連続して選択すると、2回目以降はゴール（G）に移動する確率が β に変化するといったルールを追加したい場合は、左（L）を選択した直後を表す新しい状態（S'）を新たに用意する必要があります[注7]。

　これまでに何度か「環境モデル」という言葉を用いてきましたが、強化学習の枠組みにおいては、ここで説明したマルコフ決定過程が環境モデルにあたります。これ以降の議論では、強化学習を適用する環境は、すべて、マルコフ決定過程として与えられており、条件付き確率 $p(r, s' \mid s, a)$ が定義されているものと考えてください。

　ただし、関数 $p(r, s' \mid s, a)$ の中身が明示的にわかる場合と、わからない場合の両方のパターンがあり得ます。ビデオゲームの例を考えると、ゲームを作成したプログラマーであれば、ゲーム中に現れるすべての状態 S において、あるアクション A を選択した直後に何が起きるかは、プログラムの中身を解析して答えることができます。これは「環境モデルがわかっている場合」にあたります。一方、一般のゲームプレイヤーの立場であれば、実際にゲームをプレイしてデータを集めれば、経験的に $p(r, s' \mid s, a)$ の値を予測することはできますが、厳密に正しい値を知ることはできません。これは「環境モデルがわからない場合」にあたります。

　現実の問題においては、どのような状態があるかすらわからない場合もあり得ますが、本書では、少なくとも、取り得る状態とアクションの組み合わせは、事前にわかっているものとします。その上で、$p(r, s' \mid s, a)$ の値がわかる場合とわからない場合を分けて取り扱います。「1.1　強化学習の考え方」の最後に触れたように、本章、および、第3章では、環境モデル、すなわち $p(r, s' \mid s, a)$ の値がわかっているという前提で、最善の行動ポリシーを発見するアルゴリズムを構築していきます。

[注7]　興味のある読者は、図2.4の状態遷移図がどのように修正されるか考えてみるとよいでしょう。

前節では、強化学習で取り扱う環境は、マルコフ決定過程として定義されることを説明しました。ここでは、前項の**図2.4**に示したグリッドワールドの例を用いて、行動ポリシーπを1つ決めておき、「特定の状態から行動を続けた際に得られる総報酬の期待値」を計算する例を示します[注8]。これは、一般に状態価値関数$v_\pi(s)$として定義されるものですが、この後「2.3　動的計画法による状態価値関数の決定」で示すように、一定のアルゴリズムを用いて機械的に計算することができます。ここでは、そのアルゴリズム（ベルマン方程式に基づく動的計画法）を理解する準備として、まずは、いくつかの発見的な方法で計算を行います。

2.2.1　状態価値関数の定義と計算例

ここでは、前項で示したバックアップ図（**図2.5**、および、**図2.6**）を見ながら、総報酬の期待値を計算してみます。特に、常に右（R）を選択する行動ポリシーπ_Rと常に左（L）を選択する行動ポリシーπ_Lについて、どちらがより有利な行動ポリシーかを比較していきます。

まず、常に右（R）を選択する行動ポリシーπ_Rの場合は簡単で、スタート（S）から出発すれば、確率1で+5の報酬が入ります。仮に中間地点（M）から出発したとしても、結果は同じです。一般に状態sから出発した場合に得られる総報酬の期待値を$v_{\pi_R}(s)$と表すことにすると、次が成り立ちます。

$$v_{\pi_R}(S) = 5, \; v_{\pi_R}(M) = 5$$

これらは、あくまで行動ポリシーπ_Rに従った場合に得られる総報酬であることに注意してください。本節の冒頭で触れたように、特定の行動ポリシーπに従って、特定の状態から行動を続けた場合に得られる総報酬の期待値を示す関数$v_\pi(s)$を「状態価値関数」と呼びます。今の場合、行動ポリシーπ_Rに対する状態価値関数は、これで完全に決まったことになります。ゴール（G）に対する値はまだ計算していませんが、

注8　特定の行動ポリシーを表す記号として、πを用います。

終了状態に対する状態価値関数の値は、便宜上0と定義します。

$$v_{\pi_R}(G) = 0$$

　一方、常に左（L）を選択する行動ポリシー π_L の場合は、少し状況が複雑です。**図2.6**にあるように、確率的に結果が変わるので、すべての場合を網羅するように考えて期待値を計算する必要があります。この例であれば、次のように計算することができます。

　まず、1回目の移動でいきなりゴール（G）に到達する確率は α で、この場合の総報酬は+10です。一方、1回目はスタートに戻ってしまい、2回目の移動でゴールに到達したとすると、この確率は $(1 - \alpha) \times \alpha$ で、得られる報酬の合計は$-1 + 10 = +9$となります。これを一般化すると、$k = 0, 1, 2, \cdots$ として、k 回連続してスタートに戻ってしまった後に $k + 1$ 回目でゴールする場合、確率は $(1 - \alpha)^k \alpha$ で、得られる報酬の合計は$-k + 10$になります（$k = 0$ は、1回目でゴールする場合に対応します）。これらすべての場合を考慮すると、スタート（S）から出発した場合に得られる総報酬の期待値は、次のように計算できます（4つ目の等号では、P.53のコラム「無限級数の公式」の$(2.3)(2.4)$において $r = 1 - \alpha$ としたものを適用）。

$$
\begin{aligned}
v_{\pi_L}(S) &= \sum_{k=0}^{\infty} (1 - \alpha)^k \alpha(-k + 10) \\
&= -\alpha \sum_{k=0}^{\infty} k(1 - \alpha)^k + 10\alpha \sum_{k=0}^{\infty} (1 - \alpha)^k \\
&= -\alpha(1 - \alpha) \sum_{k=1}^{\infty} k(1 - \alpha)^{k-1} + 10\alpha \sum_{k=1}^{\infty} (1 - \alpha)^{k-1} \\
&= -\alpha(1 - \alpha) \frac{1}{\{1 - (1 - \alpha)\}^2} + 10\alpha \frac{1}{1 - (1 - \alpha)} \\
&= 11 - \frac{1}{\alpha}
\end{aligned}
$$

$$(2.11)$$

　—— これは正しい計算結果ですが、もう少しエレガントに計算する方法はないでしょうか？　実はここで、「バックアップ図」という名称の由来となる考え方が登場します。はじめに、**図2.6**を少し修正した、**図2.7**を考えます。スタート（S）から出発して、確率 α でゴール（G）に到達する部分は同じですが、確率 $1 - \alpha$ でスタート（S）に戻る

のではなく、別の状態S'に移動するようになっています。この時、状態S'に対する状態価値関数の値$v_{\pi_L}(S')$がわかっているとすると、これを用いて、スタート（S）の状態価値関数の値$v_{\pi_L}(S)$を計算することができます。

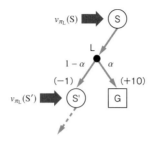

図2.7　状態価値関数の関係を示すバックアップ図

まず、1回目の移動では、確率αでゴール（G）に到達して総報酬が+10に確定するか、もしくは、確率$1-\alpha$で報酬−1を受け取って状態S'に移動します。状態S'はまだ終了状態ではないので、この後も行動ポリシーπ_Lに従って行動を続ければさらに報酬が得られるはずですが、その期待値は、すでに$v_{\pi_L}(S')$と決まっています。したがって、1回目に状態S'に移動した場合、スタート（S）からの総報酬の期待値は、$-1+v_{\pi_L}(S')$になります。最後に、確率αと確率$1-\alpha$の2つの場合をまとめると、スタート（S）から見て、あらゆる場合を考えた総報酬の期待値は次のように計算されます[注9]。

$$v_{\pi_L}(S) = \alpha \times 10 + (1-\alpha) \times \left\{-1 + v_{\pi_L}(S')\right\} \tag{2.12}$$

これは、一歩先の状態S'の状態価値関数がわかっていれば、その前の状態の状態価値関数が決定できることを示しており、バックアップ図を逆方向に（下から上に）たどりながら状態価値関数の値を決めていくことができます。常に右（R）を選択する行動ポリシーπ_Rの場合であれば、次の関係が成り立つことが容易にわかるでしょう（**図2.8**）。

注9　この部分の議論はやや直感的で、厳密性に欠けると感じるかもしれません。(2.12) が成り立つことの厳密な説明は、「2.3.1　ベルマン方程式と動的計画法」で行います。

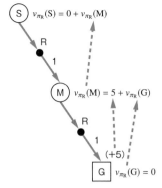

図2.8 行動ポリシーπ_Rに対するバックアップ図

$$
\begin{aligned}
v_{\pi_\mathrm{R}}(\mathrm{G}) &= 0 \\
v_{\pi_\mathrm{R}}(\mathrm{M}) &= 5 + v_{\pi_\mathrm{R}}(\mathrm{G}) = 5 \\
v_{\pi_\mathrm{R}}(\mathrm{S}) &= 0 + v_{\pi_\mathrm{R}}(\mathrm{M}) = 5
\end{aligned}
\tag{2.13}
$$

終了状態（G）の値$v_{\pi_\mathrm{R}}(\mathrm{G})$から、一歩手前の中間地点（M）の値$v_{\pi_\mathrm{R}}(\mathrm{M})$が決まり、さらにその一歩手前にあるスタート（S）の値$v_{\pi_\mathrm{R}}(\mathrm{S})$が決まるという流れになります。このような計算方法が、「バックアップ図」という名前の由来になります。

図2.7に話を戻しましょう。この図の場合、実際には$v_{\pi_\mathrm{L}}(\mathrm{S}')$の値はわかっていませんが、状態S'をスタート（S）に置き換えれば、これは、元のバックアップ図（**図2.6**）に戻ります。つまり、本来の$v_{\pi_\mathrm{L}}(\mathrm{S})$は、（2.12）で$v_{\pi_\mathrm{L}}(\mathrm{S}')$を$v_{\pi_\mathrm{L}}(\mathrm{S})$に置き換えた、次の関係式を満たすのです。

$$
v_{\pi_\mathrm{L}}(\mathrm{S}) = \alpha \times 10 + (1 - \alpha) \times \left\{ -1 + v_{\pi_\mathrm{L}}(\mathrm{S}) \right\}
\tag{2.14}
$$

少し騙されたような気もしますが、これを$v_{\pi_\mathrm{L}}(\mathrm{S})$について解くと、確かに（2.11）と同じ結果が得られます。

$$
v_{\pi_\mathrm{L}}(\mathrm{S}) = 11 - \frac{1}{\alpha}
\tag{2.15}
$$

一般に、再帰的（循環的）な構造を満たす関数は、その関係を満たすという条件だ

けによって、関数の中身が一意に決まる場合があります。1つの計算テクニックとして、覚えておくとよいでしょう。そして、この結果を利用すると、中間地点（M）に対する $v_{\pi_\mathrm{L}}(\mathrm{M})$ の値も計算できます。行動ポリシー π_L の場合、スタート（S）から出発すれば、中間地点（M）に達することはありませんが、あえて、中間地点（M）から出発した場合を考えたと思ってください。この場合のバックアップ図は、**図2.9**のようになるので、次の関係が成り立ちます。

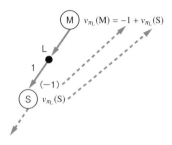

図2.9　中間地点（M）から出発した場合のバックアップ図

$$v_{\pi_\mathrm{L}}(\mathrm{M}) = -1 + v_{\pi_\mathrm{L}}(\mathrm{S})$$

これに先ほどの結果（2.15）を代入すると、次の結果が得られます。

$$v_{\pi_\mathrm{L}}(\mathrm{M}) = 10 - \frac{1}{\alpha}$$

また、π_R の場合と同様に、終了状態に対する値は0と定義されます。

$$v_{\pi_\mathrm{L}}(\mathrm{G}) = 0$$

　これで、行動ポリシー π_L についても、すべての状態に対する状態価値関数の値を決定することができました。

▌2.2.2 状態価値関数の比較による最善の行動ポリシーの発見

前項では、2種類の行動ポリシー π_R と π_L について、それぞれの状態価値関数を決定しました。これらの値を比較することで、行動ポリシーの優劣を判定することができます。まず、前項の結果を思い出すと、スタート (S) から出発した時の総報酬の期待値は、それぞれ次で与えられます。

$$v_{\pi_R}(S) = 5, \quad v_{\pi_L}(S) = 11 - \frac{1}{\alpha}$$

したがって、$v_{\pi_R}(S) > v_{\pi_L}(S)$、すなわち、$\alpha < \frac{1}{6}$ であれば、π_R に従って一直線にゴールに向かった方が、平均的にはより高い総報酬が得られることになります。逆に $\alpha > \frac{1}{6}$ であれば、π_L に従って確率的により高い報酬をねらう価値があるということです。

それでは、中間地点 (M) から出発する場合はどうでしょうか？ この場合は、次の2つの値の比較になります。

$$v_{\pi_R}(M) = 5, \quad v_{\pi_L}(M) = 10 - \frac{1}{\alpha}$$

先ほどと同じ考え方を適用すれば、$v_{\pi_R}(M) > v_{\pi_L}(M)$、すなわち、$\alpha < \frac{1}{5}$ であれば π_R に従う方が有利で、逆に $\alpha > \frac{1}{5}$ であれば π_L に従う方が有利になります。

—— これらの結果を総合すると、少し興味深い事実がわかります。たとえば、$\alpha < \frac{1}{6}$ の場合は、($\frac{1}{6} < \frac{1}{5}$ に注意すると) $v_{\pi_R}(S) > v_{\pi_L}(S)$ と $v_{\pi_R}(M) > v_{\pi_L}(M)$ の両方の条件が成立するので、出発地点にかかわらずに π_R が有利になります。少し考えるとわかるように、π_L 以外のどのような行動ポリシー π を持ってきたとしても、すべての状態 s において $v_{\pi_R}(s) \geq v_\pi(s)$ が成り立ちます。つまり、π_R は、すべての行動ポリシーの中で最善の行動ポリシーになります。

あるいは、$\alpha > \frac{1}{5}$ であれば、$v_{\pi_R}(S) < v_{\pi_L}(S)$ と $v_{\pi_R}(M) < v_{\pi_L}(M)$ の両方の条件が成立するので、出発地点にかかわらずに π_L が有利になります。この場合は、π_L が、すべての行動ポリシーの中で最善の行動ポリシーになります。

それでは、$\frac{1}{6} < \alpha < \frac{1}{5}$ の場合はどうでしょうか？ この場合は、出発地点によっ

て π_R と π_L の優位性が変わります。したがって、出発地点によらずに常によりよい結果を得るには、π_R と π_L をミックスした新しい行動ポリシーが必要になります。結論から言うと、**表2.4**の行動ポリシーが得られます。ここまで整理できれば、このグリッドワールドの問題は「完全に解けた」と言ってもいいでしょう。

表2.4 $\dfrac{1}{6} < \alpha < \dfrac{1}{5}$ の場合における最善の行動ポリシー π_*。

状態	アクション
S	L
M	R

　実は、ここまでの作業を整理すると、強化学習の問題を解く際の一般的な流れがわかります。―― まず、前項で見たように、環境モデル、すなわち、状態の遷移確率 $p(r, s' \mid s, a)$ が与えられれば、バックアップ図を用いて、特定の行動ポリシー π についての状態価値関数を計算することができます。そして、本項で見たように、状態価値関数の値を比較することで、複数の行動ポリシーの優劣を判定することができます。そして、一般的な強化学習の枠組みでは、最終的なゴールとしては、出発地点によらずに（総報酬の期待値が最大になるという意味で）ベストな結果が得られるという、最善の行動ポリシー π_* を発見することを目指します[注10]。

　ここでは、簡単な例を用いて、あくまで発見的な手法で最善の行動ポリシー π_* にたどり着きましたが、実際には、一定のアルゴリズムに基づいて、これを機械的に発見する方法が存在します。これが、第3章で説明する「ポリシー反復法」「価値反復法」などの手法というわけです。

2.3 動的計画法による状態価値関数の決定

　前節の最後に強化学習の問題を解く際の一般的な流れを説明しましたが、ここでは、その最初のステップとなる状態価値関数を計算するアルゴリズムを説明します。これは、前節におけるバックアップ図を用いた計算方法を整理して、一般化したものになります。

注10　一般に、与えられた問題に対する最善の行動ポリシーを π_* という記号で表します。

■ 2.3.1 ベルマン方程式と動的計画法

ここで説明するアルゴリズムは、先に説明したマルコフ決定過程が前提となりますので、いくつかの記号をあらためて整理しておきます。まず、エージェントが行動する環境では、有限個の状態 S と、それぞれの状態における有限個のアクション A があります。そして、現在の状態とアクションのペア (s, a) を選んだ時に、得られる報酬と次の状態のペアが (r, s') になる条件付き確率 $p(r, s' \mid s, a)$ が決められています。この結果、エージェントは、現在の状態 S に対してアクション A を選択すると、確率 p に従って、報酬 R と次の状態 S' が得られるという変化のサイクルを繰り返します。

$$S_0 \xrightarrow[A_0]{} (R_1, S_1) \xrightarrow[A_1]{} (R_2, S_2) \xrightarrow[A_2]{} \cdots$$

終了状態が存在するエピソード的タスクの場合は、終了状態に至るまでの一連の流れが1つのエピソードとなります。また、状態価値関数は、行動ポリシー π ごとに計算されるものなので、行動ポリシーについても表記法を決めておきます。「2.1.1 状態遷移図と報酬設計」に示した**表 2.2**（自動販売機エージェントの行動ポリシー：例2）を思い出すと、一般には、確率的にアクションを選択する場合もあるので、状態 s において、アクション a を選択する確率を $\pi(a \mid s)$ で表すことにします。状態 S において、特定のアクション A のみを選択する場合は、$\pi(A \mid S) = 1$ となります。あるいは、選択することがないアクション A については、$\pi(A \mid S) = 0$ となります。先ほどの**表 2.2**の場合であれば、**表 2.5**、**表 2.6**のように記号を定めると、次のようになります（この他の組み合わせについては、すべて、$\pi(a \mid s) = 0$ とします）。

$$\pi(C \mid S_0) = 1$$
$$\pi(R \mid S_1) = \frac{1}{2}$$
$$\pi(B \mid S_1) = \frac{1}{2}$$

表2.5　自動販売機の状態を示す記号

状態	記号
コイン未投入	S_0
コイン投入済み	S_1

表2.6　エージェントのアクションを示す記号

アクション	記号
コイン投入	C
返却ボタン	R
購入ボタン	B

この定義に基づくと、$\pi(a \mid s)$ もまた、条件付き確率になります。現在の状態 s を固定して、あらゆるアクションに対する確率を足し合わせると、合計は1になります。

$$\sum_a \pi(a \mid s) = 1$$

そして、これらの準備の下に、状態 s に対する状態価値関数 $v_\pi(s)$ を一歩先の状態 s' の状態価値関数 $v_\pi(s')$ で表すことを考えます。これには、「2.2.1 状態価値関数の定義と計算例」において、**図2.7**（状態価値関数の関係を示すバックアップ図）を見ながら (2.12) を導いた時と同じ考え方を利用します。まず、**図2.7** を一般化すると、**図2.10** になります。

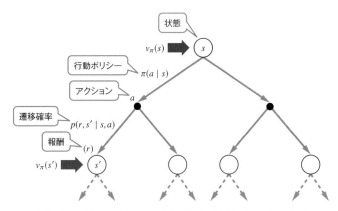

図2.10 一般の行動ポリシーと遷移確率に対するバックアップ図

この図において、たとえば、状態 s において特定のアクション A を選んだと仮定すると、確率 $p(r, s' \mid s, A)$ で報酬 r と共に状態 s' に遷移します。状態 s' 以降に得られる総報酬（の期待値）は $v_\pi(s')$ ですので、状態 s から見た時の総報酬（の期待値）は $r + v_\pi(s')$ になります。これをあらゆる (r, s') の可能性を考慮した期待値に直すと、次の形になります。

$$\sum_{(r, s')} p(r, s' \mid s, A) \{ r + v_\pi(s') \}$$

ただし、実際にはアクション A も確率 $\pi(a \mid s)$ によって確率的に選択されるので、

上式をさらに、あらゆるアクション a の可能性を考慮した期待値に直したものが、状態 s に対する状態価値関数 $v_\pi(s)$ に一致します。

$$v_\pi(s) = \sum_a \pi(a \mid s) \sum_{(r,s')} p(r, s' \mid s, a) \{r + v_\pi(s')\} \tag{2.16}$$

これは、状態価値関数 $v_\pi(s)$ が満たすべき条件式で、「状態価値関数に対するベルマン方程式」と呼ばれます。仮に、すべての状態 s について (2.16) を具体的に書き下せば、これらを連立方程式とみなして解くことで、$v_\pi(s)$ を完全に決定することができます。たとえば、「2.2.1　状態価値関数の定義と計算例」の (2.14) は、スタート (S) に対する状態価値関数 $v_{\pi_L}(S)$ についてのベルマン方程式にあたりますが、その右辺には、たまたま、スタート (S) 以外の状態についての状態価値関数が含まれていませんでした。その結果、(2.14) からすぐに $v_{\pi_L}(S)$ の値を決定することができたのです。

もちろん、一般には、ベルマン方程式をすべて書き下すというのは現実的ではありません。一定のアルゴリズムで機械的に計算する方法が必要です。これが次項で説明する「動的計画法」になりますが、その前に、(2.16) を拡張して、「2.1.1　状態遷移図と報酬設計」で説明した報酬の割引率 γ を導入しておきます。

まず、行動ポリシー π に従った際に、次のような一連の状態変化が得られたとします。

$$S_0 \xrightarrow[A_0]{} (R_1, S_1) \xrightarrow[A_1]{} (R_2, S_2) \xrightarrow[A_2]{} \cdots \tag{2.17}$$

割引率を γ とした場合、状態 S_0 を出発点とした総報酬は次のように計算されます。

$$G_0 = R_1 + \gamma R_2 + \gamma^2 R_3 + \cdots \tag{2.18}$$

次に、一歩先のステップ、つまり、$t = 1$ 以降のステップを (2.17) から取り出します。

$$S_1 \xrightarrow[A_1]{} (R_2, S_2) \xrightarrow[A_2]{} (R_3, S_3) \xrightarrow[A_3]{} \cdots$$

これを状態 S_1 を出発点とする状態変化だとみなすと、この際の総報酬は次のように計算されます。

$$G_1 = R_2 + \gamma R_3 + \gamma^2 R_4 + \cdots \tag{2.19}$$

(2.18) と (2.19) を比較すると、次の関係が成り立ちます。

$$G_0 = R_1 + \gamma G_1 \tag{2.20}$$

これは、任意の状態変化について成り立つ関係ですので、割引率を導入した場合、ベルマン方程式 (2.16) において、一歩先の状態 s' に対する状態価値関数 $v_\pi(s')$ からの寄与は、全体的に γ 倍に割り引いて加える必要があります。この修正を加えたベルマン方程式は、次のようになります（$v_\pi(s')$ は、(2.20) の G_1 に相当する点に注意してください）。

$$v_\pi(s) = \sum_a \pi(a \mid s) \sum_{(r,s')} p(r, s' \mid s, a) \{r + \gamma v_\pi(s')\} \tag{2.21}$$

(2.21) で $\gamma = 1$ にすると、ちょうど (2.16) に戻るので、この関係式は、割引率の有無にかかわらずに利用することができます。

それでは、動的計画法の説明に話を進めましょう。これは、「2.2.1 状態価値関数の定義と計算例」における (2.13) の計算を一般化したものになります。(2.13) の場合、バックアップ図を終了状態から逆向きにたどりながら計算しましたが、驚くべきことに、一般には計算の順番は気にしなくても構いません。

はじめに、終了状態に対する状態価値関数の値を 0 に設定して、その他の状態に対する状態価値関数の値は、任意の値に初期化します。その後、すべての状態 s について、状態価値関数の値 $v_\pi(s)$ をベルマン方程式 (2.21) で再計算していきます。状態をスキャンする順番は何でも構いません。そうすると、少なくとも終了状態の一歩手前の状態については、終了状態の値が伝搬して、正しい値に近づきます。そこで、この手続き（すべての状態 s について、状態価値関数の値 $v_\pi(s)$ をベルマン方程式 (2.21) で再計算する）を何度も繰り返すと、すべての状態価値関数の値が正しい値へと近づいていきます。

厳密には、この手続きを無限回繰り返さないといけない場合もありますが、コンピューターで数値計算する際は、値の変化がある程度小さくなったところで計算を打ち切り

ます。得られた結果が十分に正解に近ければ、実用上はこれで問題ないというわけです。この方法が本当にうまくいくのか、次項では、いくつかの具体例で確認します。

■ 2.3.2 動的計画法による計算例

ここでは、動的計画法のアルゴリズムをPythonで実装したコードを用いながら、簡単な3つの例で実際の動作を確認します。ここで使用するノートブックには、「特定の行動ポリシーに対応する状態価値関数を評価する」という意味で、「Policy Evalutaion」というタイトルを付けています。

❶ 1次元のグリッドワールド

はじめは、フォルダー「Chapter02」にある、次のノートブックを用います。

- 01_Policy_Evaluation_1.ipynb

このノートブックでは、**図2.11**に示す、8個の状態からなるグリッドワールドを用います。エージェントは各状態で右か左に移動することができて、右端にある終了状態に到達すると報酬+1が得られます。たとえば、常に右に移動するポリシーπ_Rを採用した場合、バックアップ図は**図2.12**のようにシンプルなものになります。この例において、先ほど説明した動的計画法がどのように機能するか、ある程度の想像はできると思いますが、ここでは実際にコードとして実装して、その動作を確認していきます。

図2.11　1次元のグリッドワールドの例

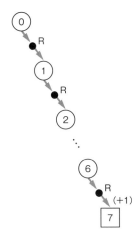

図2.12　常に右に移動するポリシーπ_Rのバックアップ図

　はじめに、コードの実行に必要なモジュールをインポートします。3行目でインポートしているライブラリーseabornは、状態価値関数をヒートマップで可視化するために使用します。

[PE1-01]
```
 1: import numpy as np
 2: import matplotlib.pyplot as plt
 3: import seaborn as sns
 4: import matplotlib
 5: matplotlib.rcParams['font.size'] = 12
```

　次に、**図2.11**のグリッドワールドを表すGridworldクラスを定義します。

[PE1-02]
```
 1: class Gridworld:
 2:   def __init__(self, size=8, goals=[7], penalty=0):
 3:     self.size = size
 4:     self.goals = goals
 5:     self.penalty = penalty
 6:
 7:     self.states = range(size)
 8:     self.actions = [-1, 1]
 9:     self.policy = {}
10:     self.value = {}
```

```
11:     for s in self.states:
12:       self.value[s] = 0
13:
14:   def move(self, s, a):
15:     if s in self.goals:
16:       return 0, s                    # Reward, Next state
17:
18:     s_new = s + a
19:
20:     if s_new not in self.states:
21:       return self.penalty, s         # Reward, Next state
22:
23:     if s_new in self.goals:
24:       return 1, s_new                # Reward, Next state
25:
26:     return self.penalty, s_new       # Reward, Next state
```

2〜12行目の初期化関数（コンストラクタ）では、変数の初期化を行っています。Gridworldクラスのインスタンスを生成する際は、オプション size、goals、penalty に、それぞれ、状態数、ゴール（終了状態）の位置、そして、1回の移動で発生する報酬を指定します。デフォルト値は、先ほどの**図2.11**と同じで、8個の状態があり、右端がゴールになっています。ゴールに到達する以外では、移動に伴う報酬は発生しません。ゴールの位置は、左端を0とする番号で指定しますが、リスト形式で複数の位置を指定することができます。3〜5行目で、これらをインスタンス変数として格納しています。

7〜12行目は、その他のインスタンス変数を定義しています。7行目の self.states と8行目の self.actions には、それぞれ、すべての状態とすべてのアクションに対応するラベルをリスト形式で格納しています。状態については、その状態の番号（**図2.11**の場合であれば、0〜7）、アクションについては、移動方向（±1）を示す値をラベルとしています。9行目の self.policy は行動ポリシーを格納するディクショナリーです。この段階では空のディクショナリーですが、インスタンスを生成した後に、状態とアクションのラベルのタプル (s, a) をキー、対応する条件付き確率 $\pi(a \mid s)$ の値をバリューとして保存します[注11]。最後に、10行目の self.value は、状態価値関数を表すディクショナリーです。11〜12行目で、すべての状態 s に対し

注11 行動ポリシーは環境とは独立した要素なので、厳密には、環境を表すクラスに含めるべきではないかもしれません。ここでは、動的計画法の計算に必要な要素をまとめて扱えるよう、便宜的に、行動ポリシーの情報もGridworldクラスに含めています。

て、$v_\pi(s) = 0$ に初期化しています。

14〜26行目のmoveメソッドは、状態遷移の結果を返します。現在の状態と選択したアクションを引数に渡すと、報酬と次の状態が得られます。一般には、報酬と次の状態は確率的に得られるため、動的計画法を適用するには、状態遷移の条件付き確率 $p(r, s' \mid s, a)$ を知る必要があります。しかしながら、この環境では確率的な状態変化はありませんので、確率1で得られる報酬と次の状態を返すようにしてあります（確率的な状態変化を含むケースは、この後の「③確率的な状態変化を含む場合」で説明します）。

moveメソッドの内容を具体的に説明すると、15〜16行目は、現在の状態がすでに終了状態にある場合の処理で、報酬は0で、同じ終了状態が返ります。終了状態というのは、エージェントの行動がそこで終了したという意味ですが、実装上は任意のアクションに対して、報酬0で同じ状態のままにとどまるものとしておきます。動的計画法を適用する際は、厳密には、「終了状態を除くすべての状態 s について、ベルマン方程式 (2.21) で状態価値関数 $v_\pi(s)$ の値を更新する」という処理を繰り返す必要がありますが、このように実装することで、「終了状態を除く」という条件をはずすことができます。実際、終了状態 s についての状態価値関数の値を $v_\pi(s) = 0$ と初期化しておけば、この実装の下では、終了状態 s に対して、(2.21) の右辺は必ず0になります。したがって、更新後の値も $v_\pi(s) = 0$ となります。終了状態 s に対する正しい状態価値関数の値は、0と定義されることを思い出しておいてください。

18行目では、指定のアクションを適用した次の状態を変数s_newに格納します。20〜21行目は、一番左の状態で左に進むアクションを選択したなど、次の状態が存在しない場合の処理で、エージェントは現在の状態にとどまります。報酬は、Gridworldクラスのインスタンスを生成する際にオプションpenaltyで指定した値（デフォルトは0）になります。23〜24行目は、終了状態に到達した場合で、報酬+1が得られます。最後に、26行目は、終了状態以外の一般の状態に遷移する場合です。報酬は、オプションpenaltyで指定した値になります。

次は、状態価値関数の値をヒートマップで可視化する関数show_valuesを定義します。この後に具体例が出てきますが、ヒートマップというのは、各セルの値の大小関係を色の変化で示したグラフになります。

[PE1-03]

```
1: def show_values(world, subplot=None, title='Values'):
2:   if not subplot:
3:     fig = plt.figure(figsize=(world.size*0.8, 1.7))
4:     subplot = fig.add_subplot(1, 1, 1)
5:
6:   result = np.zeros([1, world.size])
7:   for s in world.states:
8:     result[0][s]  = world.value[s]
9:   sns.heatmap(result, square=True, cbar=False, yticklabels=[],
10:               annot=True, fmt='3.1f', cmap='coolwarm',
11:               ax=subplot).set_title(title)
```

　最初のオプションworldには、環境を表すGridworldクラスのインスタンスを渡します。このインスタンスに含まれる状態価値関数self.valueの値がヒートマップで表示されます。オプションsubplotは、グラフの描画領域を指定するものですが、この段階では気にしなくても構いません。指定しない場合は、2～4行目で適切なサイズの描画領域が用意されます。オプションtitleには、グラフのタイトルを指定します。

　最後に、6～11行目で実際のヒートマップを描きます。ここでは、可視化ライブラリーseabornの関数heatmapを利用しています。詳細なオプションについては、seabornのドキュメントを参照してください注12。

　次は、いよいよ動的計画法を適用する関数policy_evalを定義します。このノートブックで一番重要なパートです。

[PE1-04]

```
1: def policy_eval(world, gamma=1.0, trace=False):
2:   if trace:
3:     fig = plt.figure(figsize=(world.size*0.8, len(world.states)*1.7))
4:
5:   for s in world.states:
6:     v_new = 0
7:     for a in world.actions:
8:       r, s_new = world.move(s, a)
9:       v_new += world.policy[(s, a)] * (r + gamma * world.value[s_new])
10:     world.value[s] = v_new
11:
```

注12　「seaborn: statistical data visualization」https://seaborn.pydata.org/

```
12:    if trace:
13:        subplot = fig.add_subplot(world.size, 1, s+1)
14:        show_values(world, subplot, title='Update on s={}'.format(s))
```

この関数では、「すべての状態 s について、ベルマン方程式 (2.21) で状態価値関数 $v_\pi(s)$ の値を更新する」という処理を1巡だけ実行します。具体的には、5〜10行目において、すべての状態についてのループを回しています。特定の状態 s について、(2.21) の右辺を計算する際は、報酬と次の状態 (r, s') についてのループと、取り得るアクション a についてのループを回して、$\pi(a \mid s)p(r, s' \mid s, A)\{r + \gamma v_\pi(s')\}$ の合計を計算する必要がありますが、今回は、報酬と次の状態 (r, s') は1つに決まりますので、アクションについてのループだけを回しています（7〜9行目）。現在の状態 s とアクション a から、報酬 r と次の状態 s' を取得して（8行目）、変数 v_new に（$p(r, s' \mid s, A) = 1$ に注意して）$\pi(a \mid s)\{r + \gamma v_\pi(s')\}$ の値を加えます（9行目）。ここで、インスタンス変数 world.policy は、状態とアクションのタプル (s, a) をキーとして、条件付き確率 $\pi(a \mid s)$ の値を与えるディクショナリーであった点に注意してください。最後に、得られた v_new（(2.21) の右辺に相当）で、$v_\pi(s)$ の値を更新します（10行目）。

なお、ベルマン方程式 (2.21) には割引率 γ が含まれていますが、この関数では、オプション gamma で γ の値が指定できます。ただし、このノートブックでは、デフォルト値である $\gamma = 1$ のみを使用します。また、オプション trace に True を指定すると、1つの状態 s について、(2.21) で $v_\pi(s)$ の値を更新するごとに、その時点での状態価値関数全体の値をヒートマップに表示します（12〜14行目）。これは、状態価値関数の値が更新される様子を詳細に確認する際に使用します。

ここまでの準備ができれば、実際に環境を用意して試してみることができます。次は、環境を表す Gridworld クラスのインスタンスを生成して（1行目）、右に進み続ける行動ポリシー π_R を定義します（2〜4行目）。

[PE1-05]
```
1: world = Gridworld(size=8, goals=[7])
2: for s in world.states:
3:    world.policy[(s, 1)] = 1
4:    world.policy[(s, -1)] = 0
5:
6: show_values(world, title='Initial values')
```

環境の構成は、**図2.11**と同じで、$s = 0 \sim 7$の8個の状態があり、一番右端$s = 7$が終了状態になります。オプションpenaltyを指定していないので、終了状態に到達する以外の通常の行動に対する報酬は0です。2〜4行目では、すべての状態sに対して、右に移動する条件付き確率の値を1に、左に移動する条件付き確率の値を0に設定しています。6行目では、初期状態での状態価値関数の値を表示しており、**図2.13**の結果が得られます。すべての状態sに対して、$v_\pi(s) = 0$に初期化されていることがわかります。

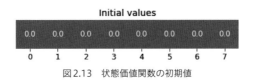

図2.13　状態価値関数の初期値

次は、関数policy_evalを用いて、動的計画法による状態価値関数の更新を1回分だけ実施します。

[PE1-06]
```
1: policy_eval(world, trace=True)
```

ここでは、オプションtrace=Trueを指定して、1ステップごと（1つの状態について、ベルマン方程式（2.21）による更新を行うごと）に、その時点での状態価値関数の値を表示しており、結果は、**図2.14**になります。この結果は、**図2.12**のバックアップ図とあわせて理解するとよいでしょう。

まず、今回の実装では、状態価値関数の更新は、$s = 0 \to 1 \to 2 \to \cdots$というようにバックアップ図を上から下にたどる順に行っており、はじめに、状態$s = 0$に対して、次のベルマン方程式による状態価値関数の更新が行われます。

$$v_{\pi_R}(0) = 0 + v_{\pi_R}(1)$$

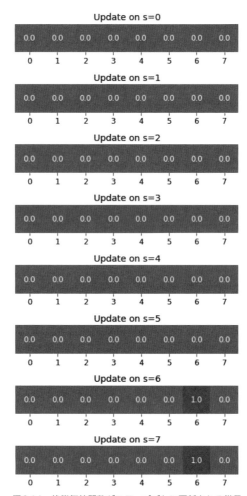

図2.14 状態価値関数がステップごとに更新される様子

　しかしながら、この時点では右辺の$v_{\pi_R}(1)$の値は初期値0の状態なので、$v_{\pi_R}(0)$の値は初期値0から変化しません。同じことが$s = 1, 2, \cdots$と続いていき、$s = 6$のところで、ようやく実際の更新が入ります。状態$s = 6$で右に移動するアクションを選択すると、最終状態に到達して報酬1が得られるので、ベルマン方程式は次になります。

$$v_{\pi_R}(6) = 1 + v_{\pi_R}(7)$$

これにより、$v_{\pi_R}(6) = 1$ となります。最後の $s = 7$（終了状態）に対する更新は本来は不要なものですが、[PE1-02] の move メソッドの説明で触れたように、終了状態では、すべてのアクションに対して報酬 0 となるように実装しており、ベルマン方程式は次のようになります。

$$v_{\pi_R}(7) = 0 + v_{\pi_R}(7)$$

したがって、終了状態に対する状態価値関数の値は、初期値 0 のままに保たれます。**図2.14** は、ちょうどこれらの変化に対応した結果になります。

それでは、**図2.14** の状態で、再度、状態価値関数の更新を行うとどうなるでしょうか？ 再度、オプション trace=True を指定して、関数 policy_eval を実行してみます。

[PE1-07]

```
1: policy_eval(world, trace=True)
```

結果は、**図2.15** になります。今回は、状態 $s = 5$ に対する更新において、状態 $s = 6$ の状態価値関数の値が伝搬していることがわかります。これは、状態 $s = 5$ に対する、次のベルマン方程式によるものです。

$$v_{\pi_R}(5) = 0 + v_{\pi_R}(6)$$

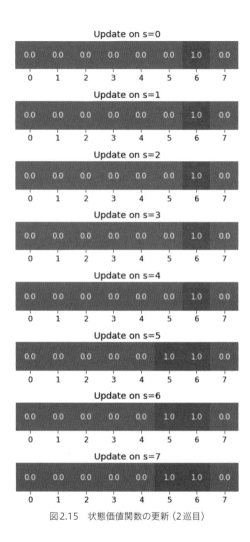

図2.15　状態価値関数の更新（2巡目）

　状態 $s = 5$ において右に移動するというアクションを選択した場合、得られる報酬は0ですが、その次の状態 $s = 6$ は、ここから出発すると、最終的に+1の総報酬が得られるという情報を状態価値関数 $v_{\pi_R}(6)$ として保持しており、その情報が状態 $s = 5$ に伝搬すると考えることができます。

　このような更新処理を何巡も繰り返せば、最終的に状態 $s = 0$ まで正しい情報が伝搬していきます。今の場合は、さらに5巡繰り返せば十分です。ステップごとの結果は表示せずに、最終結果のみを確認してみましょう。

[PE1-08]

```
1: for _ in range(5):
2:   policy_eval(world)
3:
4: show_values(world, title='Final values')
```

ここでは、1〜2行目のループで関数policy_evalを（オプションtrace=True指定せずに）5回実行して、4行目で最終結果を表示します。結果は**図2.16**の通りで、終了状態（$s = 7$）を除く、すべての状態（$s = 0 \sim 6$）について、$v_{\pi_R}(s) = 1$となっています。これは、どの状態から出発したとしても、最終的には、終了状態（$s = 7$）に到達して+1の報酬が得られることを表します。

Final values

図2.16　状態価値関数の更新（最終結果）

「2.1.1　状態遷移図と報酬設計」でエピソード的タスクについて説明した際に、将棋をプレイするエージェントに対する報酬設計に触れました。将棋の場合、対局の途中で得られる報酬がないとすると、エージェントは次の手の良し悪しが判断できないのでは？という疑問を取り上げましたが、今回の結果は、その1つの回答となります。途中の状態で報酬が得られないとしても、勝敗が確定した終了状態の情報をバックアップ図に従って逆向きに伝達することで、エージェントは、途中の状態の良し悪し、すなわち、その状態の「価値」を学ぶことができます。ただし、将棋のようなゲームでは、状態数が爆発的に多くなるため、必要なメモリー量や計算時間の観点で単純な動的計画法による計算は困難になります。この点を乗り越えるのが、強化学習の真の課題となります。

次に、行動ポリシーをランダムにした場合の様子を見てみます。同じノートブックを続けて実行していきます。

[PE1-09]

```
1: world = Gridworld(size=8, goals=[7])
2: for s in world.states:
```

```
3:    world.policy[(s, -1)] = 1/2
4:    world.policy[(s, 1)] = 1/2
5:
6: show_values(world, title='Initial values')
```

　ここでは、図2.11と同じ環境を再度用意して（1行目）、右と左に等確率でランダムに移動する行動ポリシーπ_{LR}を定義しています（2〜4行目）。6行目は状態価値関数$v_{\pi_{LR}}(s)$の初期値を表示しており、先ほどの図2.13と同じものが表示されます。

　それでは、この行動ポリシーに対する正しい状態価値関数の値は、どのようになるべきでしょうか？　左右にランダムに移動するとはいえ、一定の確率で必ず終了状態$s = 7$に到達して+1の報酬が得られますので、状態価値関数の値は、先ほどの図2.16と同じになるはずです。実際にそのような結果が得られるか、動的計画法による状態価値関数の更新を行い、確認してみましょう。

[PE1-10]
```
1: policy_eval(world)
2: show_values(world, title='First iteration')
3:
4: policy_eval(world)
5: show_values(world, title='Second iteration')
6:
7: policy_eval(world)
8: show_values(world, title='Third iteration')
```

　ここでは、関数policy_evalを用いて、すべての状態について1回ずつ更新するというループを3回実行しており、1巡するごとにその時点での結果を表示しています。結果は、図2.17のようになります。

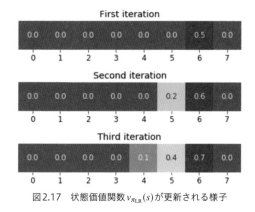

図2.17　状態価値関数 $v_{\pi_{LR}}(s)$ が更新される様子

—— なぜこのような結果が得られるのか、ベルマン方程式 (2.16) に基づいて説明できるでしょうか？　まず、1巡目（**図2.17**の上段）では、状態 $s=6$ に対して更新が行われますが、先ほどの**図2.14**と比較すると、更新後の状態価値関数の値は、半分の0.5になります。これは、状態 $s=6$ から右に移動する場合と左に移動する場合があるためです。右に移動した場合は報酬 +1 が得られ、左に移動した場合は報酬は0です。これらがそれぞれ $\frac{1}{2}$ の確率で発生するので、この時点で状態 $s=6$ に割り当てられる状態価値関数の値 $v_{\pi_{LR}}(6)$ は、（+1と0の平均値で）0.5になります。

この結果は、本来期待される値 +1 とは異なりますが、この後のステップで修正されていきます。2巡目の結果（**図2.17**の中段）を見ると、$v_{\pi_{LR}}(6)$ の値は0.6に更新されています。これは、次のような仕組みによるものです。

まず、1つ手前の状態 $s=5$ についての更新を考えます。ここから右に移動する場合、ベルマン方程式の右辺からの寄与は $0 + v_{\pi_{LR}}(6) = 0.5$ です。一方、左に移動する場合は、$0 + v_{\pi_{LR}}(4) = 0$ ですので、これらの平均値で、$v_{\pi_{LR}}(5)$ は、0.25 に更新されます（**図 2.17**では、少数第1位まで表示されています）。その次に $s=6$ についての更新が行われると、右に移動する場合、ベルマン方程式の右辺からの寄与は、$1 + v_{\pi_{LR}}(7) = 1$ で、左に移動する場合、ベルマン方程式の右辺からの寄与は、$0 + v_{\pi_{LR}}(5) = 0.25$ になります。したがって、これらの平均値により、$v_{\pi_{LR}}(6)$ は 0.625 になります。

つまり、左に移動して $s=5$ の状態になったとしても、その後、また右に移動して終了状態に到達する可能性があることが、先に更新された $v_{\pi_{LR}}(5)$ の値から伝達されているのです。この処理を何度も繰り返すと、$s=7$ の終了状態に到達して報酬が得られるという情報が右から左へ伝搬すると共に、その情報がふたたび右にも伝達されて、

それぞれの状態価値関数の値が、正しい値である+1へと近づいていきます。3巡目が終わった状態（**図2.17**の下段）を見ると、この様子がよくわかるでしょう。この更新処理をさらに100回繰り返して、最終結果を確認します。

[PE1-11]
```
1: for _ in range(100):
2:   policy_eval(world)
3:
4: show_values(world, title='Final values')
```

　この結果は、**図2.16**と同じになります。なお、ここで用いた100回という繰り返し回数に特別な根拠はありません。本来は、一定の基準によって繰り返し処理を打ち切る必要がありますが、この点については、この後の例「②2次元のグリッドワールド」で説明します。ここでは最後に、同じ1次元の例を用いて、オプションpenaltyを用いた場合を確認しておきましょう。

[PE1-12]
```
1: world = Gridworld(size=8, goals=[7], penalty=-1)
2: for s in world.states:
3:   world.policy[(s, 1)] = 1
4:   world.policy[(s, -1)] = 0
5:
6: show_values(world, title='Initial values')
```

　ここでは、これまでと同じ1次元のグリッドワールドを定義していますが、オプションpenalty=-1を指定しているので、終了状態に到達する以外のすべての行動に対して、-1の報酬が与えられます（1行目）。これは、終了状態に早く到達する方が総報酬が高くなるという条件になります。行動ポリシーについては、常に右に移動するπ_Rを定義しています（2〜4行目）。最後の6行目は、状態価値関数の初期値を表示しており、これまでと同様にすべて0になります。

　次に、動的計画法で状態価値関数が更新される様子を確認します。

[PE1-13]
```
1: policy_eval(world)
2: show_values(world, title='First iteration')
3:
```

```
4: policy_eval(world)
5: show_values(world, title='Second iteration')
6:
7: policy_eval(world)
8: show_values(world, title='Third iteration')
```

　ここでは、初回の3巡分の更新結果を表示しており、結果は**図2.18**のようになります。

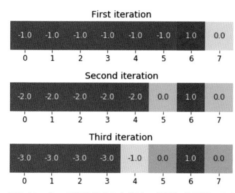

First iteration

| -1.0 | -1.0 | -1.0 | -1.0 | -1.0 | -1.0 | 1.0 | 0.0 |
| 0 | 1 | 2 | 3 | 4 | 5 | 6 | 7 |

Second iteration

| -2.0 | -2.0 | -2.0 | -2.0 | -2.0 | 0.0 | 1.0 | 0.0 |
| 0 | 1 | 2 | 3 | 4 | 5 | 6 | 7 |

Third iteration

| -3.0 | -3.0 | -3.0 | -3.0 | -1.0 | 0.0 | 1.0 | 0.0 |
| 0 | 1 | 2 | 3 | 4 | 5 | 6 | 7 |

図2.18　負の報酬を設定した場合の状態価値関数の更新

　左側の状態 $s = 0, 1, 2$ あたりに注目すると、今回は1巡ごとに−1が加わっています。これまでと同様に、ベルマン方程式による状態価値関数の変化がどのように伝搬し合うのかを考えると、このような結果になる理由がつかめるでしょう。想像が難しい場合は、関数policy_evalにオプションtrace=Trueを付けて、ステップごとの変化を確認してください。

　最後に、更新処理をさらに100巡繰り返して、その結果を確認します。

[PE1-14]

```
1: for _ in range(100):
2:     policy_eval(world)
3:
4: show_values(world, title='Final values')
```

　結果は、**図2.19**のようになります。終了状態から遠くなるほど、状態価値関数の値は1ずつ小さくなっており、想定通りの結果と言えます。

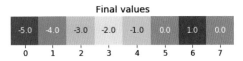

Final values

図2.19　負の報酬を設定した場合の状態価値関数（最終結果）

　1次元のグリッドワールドを用いた例はここまでになります。ベルマン方程式による状態価値関数の更新がどのように機能するのか、様子がつかめてきたと思います。次は、2次元のグリッドワールドを用いて、1次元の例と同様に、直感に合致する結果が得られることを確認します。

❷ 2次元のグリッドワールド

　ここでは、フォルダー「Chapter02」にある、次のノートブックを用います。

- 02_Policy_Evaluation_2.ipynb

　このノートブックでは、**図2.20**にある、6×6のサイズのグリッドワールドを用います。エージェントは上下左右に移動することができますが、ここでは、右（R）、または、下（D）にそれぞれ $\frac{1}{2}$ の確率で移動する行動ポリシー π_{RD} に限定して考えます。右下が終了状態で、ここに到達することが目標です。白抜きの部分は「落とし穴」になっており、ここに移動すると、−1の報酬と共に、強制的に左上の隅に移動させられます。その他、通常の移動についても、すべて−1の報酬が与えられますので、落とし穴を避けてなるべく早く終了状態に到達することが目標となります[注13]。状態価値関数の計算にあたっては、ベルマン方程式による更新を繰り返すという方針はこれまでと同じですが、ここでは、一定の基準で繰り返し処理を打ち切る仕組みを実装します。

注13　ここでは、終了状態に到達した際に正の報酬を与える設定になっていません。すべての移動に−1の報酬が発生するので、これだけで、なるべく早く終了状態に到達することが総報酬を最大化するという条件に一致します。

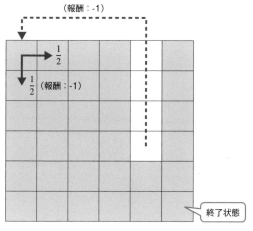
図2.20　2次元のグリッドワールドの例

　はじめに、コードの実行に必要なモジュールをインポートします。この部分は、先ほどのノートブックの[PE1-01]と同じです。

[PE2-01]
```
1: import numpy as np
2: import matplotlib.pyplot as plt
3: import seaborn as sns
4: import matplotlib
5: matplotlib.rcParams['font.size'] = 12
```

　次に、**図2.20**のグリッドワールドを表すGridworldクラスを定義します。

[PE2-02]
```
 1: class Gridworld:
 2:   def __init__(self, size=6, traps=[]):
 3:     self.size = size
 4:     self.traps = traps
 5:     self.start = (0, 0)
 6:     self.goal = (size-1, size-1)
 7:
 8:     self.states = [(x, y) for x in range(size) for y in range(size)]
 9:     self.actions = [(-1, 0), (0, -1), (1, 0), (0, 1)]
10:
11:     self.policy = {}
```

```
12:      for s in self.states:
13:        self.policy[(s, (-1, 0))] = 0
14:        self.policy[(s, (0, -1))] = 0
15:        self.policy[(s, (1, 0))] = 1/2
16:        self.policy[(s, (0, 1))] = 1/2
17:
18:      self.value = {}
19:      for s in self.states:
20:        self.value[s] = 0
21:
22:    def move(self, s, a):
23:      if s == self.goal:
24:        return 0, s                # Reward, Next state
25:
26:      s_new = (s[0] + a[0], s[1] + a[1])
27:
28:      if s_new not in self.states:
29:        return 0, s                # Reward, Next state
30:
31:      if s_new in self.traps:
32:        return -1, self.start      # Reward, Next state
32:
33:      return -1, s_new             # Reward, Next state
```

　2〜20行目の初期化関数（コンストラクタ）では、変数の初期化を行います。インスタンスを生成する際は、オプションsizeでグリッドワールドのサイズ（縦と横の共通サイズ）が指定できます。デフォルトは、size=6です。オプションtrapsには、「落とし穴」の位置を指定します。ここには(x, y)座標を示すタプルをリストにまとめて複数指定することができます。たとえば**図2.20**と同じ構成にするなら、次のように指定します。

```
traps=[(4, 0), (4, 1), (4, 2), (4, 3)]
```

　3〜6行目では、これらのオプションの値をインスタンス変数に格納すると共に、スタート地点（落とし穴に落ちた際に戻る場所）とゴール地点（終了状態）をインスタンス変数self.startおよびself.goalに格納しています。

　8〜20行目は、その他のインスタンス変数を定義しています。8行目のself.statesと9行目のself.actionsには、それぞれ、すべての状態とすべてのアクションに対応

するラベルをリスト形式で格納しています。状態については、その状態の(x, y)座標のタプル、アクションについては、xとyそれぞれの移動方向を示す値のタプルをラベルとしています[注14]。11行目のself.policyは行動ポリシーを格納するディクショナリーです。状態とアクションのラベルのタプル(s, a)をキー、対応する条件付き確率$\pi(a \mid s)$の値をバリューとして保存します[注15]。ここでは、右（R）、または、下（D）にそれぞれ$\frac{1}{2}$の確率で移動する行動ポリシーπ_{RD}を定義しています（12〜16行目）。最後に、18行目のself.valueは、状態価値関数を表すディクショナリーです。19〜20行目で、すべての状態sに対して、$v_{\pi_{RD}}(s) = 0$に初期化しています。

22〜33行目のmoveメソッドは、状態遷移の結果を返します。1次元のグリッドワールドのコードと同じく、現在の状態と選択したアクションを引数に渡すと、報酬と次の状態が得られます。具体的に説明すると、23〜24行目は、現在の状態がすでに終了状態にある場合の処理で、報酬は0で、同じ終了状態が返ります。26行目は、指定のアクションを適用した次の状態を変数s_newに格納しています。28〜29行目は、一番右の状態で右に進むアクションを選択するなど、次の状態が存在しない場合の処理です。報酬は0で、エージェントは現在の状態にとどまります。31〜32行目は、落とし穴に落ちた場合で、報酬−1と共に左上の状態（self.start）に移動します。最後に、33行目は、通常の移動に対応する処理で、報酬−1と新しい状態s_newを返します。

次は、状態価値関数の値をヒートマップで可視化する関数show_valuesを定義します。

[PE2-03]

```
 1: def show_values(world, subplot=None, title='Values'):
 2:   if not subplot:
 3:     fig = plt.figure(figsize=(world.size*0.8, world.size*0.8))
 4:     subplot = fig.add_subplot(1, 1, 1)
 5:
 6:   result = np.zeros([world.size, world.size])
 7:   for (x, y) in world.states:
 8:     if (x, y) in world.traps:
 9:       result[y][x] = None
10:     else:
11:       result[y][x]  = world.value[(x, y)]
12:   sns.heatmap(result, square=True, cbar=False,
```

注14　8行目ではリストの内包表記を用いていますが、これは、$x = 0, \cdots, \text{size} -1$、および、$y = 0, \cdots, \text{size} -1$について、$(x, y)$のすべての組み合わせを含むリストを生成します。

注15　今回の場合、アクションのラベルaは、タプル形式で(-1, 0)のように表される点に注意してください。

```
13:             annot=True, fmt='3.1f', cmap='coolwarm',
14:             ax=subplot).set_title(title)
```

　これは、「①1次元のグリッドワールド」の[PE1-03]で定義したshow_valuesと本質
的には同じです。ヒートマップを2次元にして、落とし穴の部分を白抜きで表示する
ように修正してあります。

　次は、動的計画法を適用する関数policy_evalを定義します。

[PE2-04]
```
 1: def policy_eval(world, gamma=1, delta=0.01):
 2:   while True:
 3:     delta_max = 0
 4:     for s in world.states:
 5:       v_new = 0
 6:       for a in world.actions:
 7:         r, s_new = world.move(s, a)
 8:         v_new += world.policy[(s, a)] * (r + gamma * world.value[s_new])
 9:       delta_max = max(delta_max, abs(world.value[s] - v_new))
10:       world.value[s] = v_new
11:
12:     if delta_max < delta:
13:       break
```

　「①1次元のグリッドワールド」の[PE1-04]で定義したpolicy_evalでは、「すべて
の状態sについて、ベルマン方程式(2.21)で状態価値関数$v_\pi(s)$の値を更新する」と
いう処理を1巡だけ実行しましたが、ここでは、この処理を何巡も繰り返しながら、
状態価値関数の更新量が一定値未満になったところで処理を打ち切るように実装して
います。具体的には、4〜10行目がすべての状態sについて1巡するループになり、9
行目において、それぞれの状態に対する状態価値関数の更新量(ベルマン方程式(2.21)
の両辺の差の絶対値)の中で、その最大値を変数delta_maxに記録しています。そして、
その値がオプションdeltaで指定された値(デフォルト値は0.01)未満になったところ
で処理を打ち切ります(12〜13行目)。「①1次元のグリッドワールド」のノートブッ
クでは、policy_evalを明示的に何度も実行していましたが、ここではその必要はあ
りません。policy_evalを1回だけ実行すれば、最終結果が得られます。

それでは、実際に2次元のグリッドワールドを用意して、状態価値関数$v_{\pi_{RD}}(s)$を求めてみましょう。はじめは、落とし穴を持たないシンプルな例で様子を見てみます。

[PE2-05]
```
1: world = Gridworld(size=6)
2: policy_eval(world)
3: show_values(world, title='Final values')
```

　1行目で、Gridworldクラスのインスタンスを生成していますが、オプションtrapsを指定していないので、落とし穴はありません。**図2.20**と同じ6×6のサイズにしています。2行目で状態価値関数$v_{\pi_{RD}}(s)$を計算して、3行目で結果を表示します。実行結果は、**図2.21**のようになります。

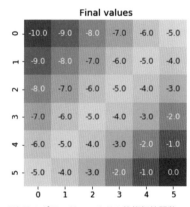

Final values

図2.21　2次元のグリッドワールドの状態価値関数$v_{\pi_{RD}}(s)$：例1

　これを見ると、終了状態（右下部分）へのステップ数が状態価値関数の値（の符合違い）に一致しており、正しい計算結果になっていることがわかります[注16]。次は、落とし穴を1箇所だけ加えてみます。

[PE2-06]
```
1: world = Gridworld(size=6, traps=[(4, 5)])
2: policy_eval(world)
3: show_values(world, title='Final values')
```

注16　今回の実装では、移動できない方向のアクションを選択した場合の報酬が0である点に注意してください。移動できなかった場合にも−1の報酬を与えると、結果は変わります。

1行目で、Gridworldクラスのインスタンスを生成する際に、オプションtraps=
[(4, 5)]で落とし穴の位置を指定しています。この場合の実行結果は、**図2.22**にな
ります。一番右の列は、落とし穴に落ちる可能性がないので、状態価値関数の値が、
図2.21の場合と変わりありません。その他の場所については、落とし穴に落ちる確
率が高いほど、状態価値関数の値は小さくなることがわかります。直感にも合致した
結果と言えるでしょう。

　最後に、当初の**図2.20**と同じ構成を試してみます。

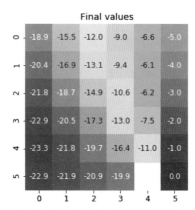

図2.22　2次元のグリッドワールドの状態価値関数 $v_{\pi_{RD}}(s)$：例2

[PE2-07]
```
1: world = Gridworld(size=6, traps=[(4, y) for y in range(4)])
2: policy_eval(world)
3: show_values(world, title='Final values')
```

　1行目のオプションtraps=[(4, y) for y in range(4)]ではリストの内包表記を用
いていますが、これは、traps=[(4, 0), (4, 1), (4, 2), (4, 3)]と同じ意味です。
この場合の実行結果は、**図2.23**になります。こちらも直感に合致した結果になって
いるのではないでしょうか。ここまでの結果から、ベルマン方程式を用いて状態価値
関数の更新を繰り返すという、動的計画法の手法がうまく機能することが納得できた
と思います。

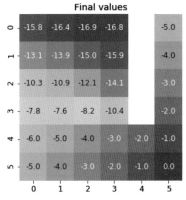

Final values

	0	1	2	3	4	5
0	-15.8	-16.4	-16.9	-16.8		-5.0
1	-13.1	-13.9	-15.0	-15.9		-4.0
2	-10.3	-10.9	-12.1	-14.1		-3.0
3	-7.8	-7.6	-8.2	-10.4		-2.0
4	-6.0	-5.0	-4.0	-3.0	-2.0	-1.0
5	-5.0	-4.0	-3.0	-2.0	-1.0	0.0

図2.23　2次元のグリッドワールドの状態価値関数 $v_{\pi_{\mathrm{RD}}}(s)$：例3

　動的計画法を理解するという本節の目的は、これでほぼ達成しましたが、ここで、もう1つだけ新しいノートブックで説明を加えておきます。これまでの2つのノートブックでは、状態遷移が確率的に起きる場合は扱いませんでした。2次元のグリッドワールドの例を用いて、確率的な状態遷移を含む場合の実装を紹介しておきます。

❸ 確率的な状態遷移を含む場合

　ここでは、フォルダー「Chapter02」にある、次のノートブックを用います。

- 03_Policy_Evaluation_3.ipynb

　このノートブックでは、先ほどの**図2.20**と同じ2次元のグリッドワールドを用いますが、「落とし穴」の仕組みが異なります。今回の落とし穴は、確率 α で左上の隅に移動して、確率 $1-\alpha$ で終了状態に移動します。したがって、α の値によっては、落とし穴に落ちた方が有利になります。

　それでは、具体的な実装に進みます。はじめに、コードの実行に必要なモジュールをインポートします。この部分は、これまでのノートブック（[PE1-01]、[PE2-01]）と同じです。

[PE3-01]

```
1: import numpy as np
2: import matplotlib.pyplot as plt
```

```
3: import seaborn as sns
4: import matplotlib
5: matplotlib.rcParams['font.size'] = 12
```

次に、グリッドワールドを表すGridworldクラスを定義します。

[PE3-02]
```
 1: class Gridworld:
 2:   def __init__(self, size=6, traps=[], alpha=0):
 3:     self.size = size
 4:     self.traps = traps
 5:     self.alpha = alpha
 6:     self.start = (0, 0)
 7:     self.goal = (size-1, size-1)
 8:
 9:     self.states = [(x, y) for x in range(size) for y in range(size)]
10:     self.actions = [(-1, 0), (0, -1), (1, 0), (0, 1)]
11:
12:     self.policy = {}
13:     for s in self.states:
14:       self.policy[(s, (-1, 0))] = 0
15:       self.policy[(s, (0, -1))] = 0
16:       self.policy[(s, (1, 0))] = 1/2
17:       self.policy[(s, (0, 1))] = 1/2
18:
19:     self.value = {}
20:     for s in self.states:
21:       self.value[s] = 0
22:
23:   def move(self, s, a):
24:     if s == self.goal:
25:       return [(1, 0, s)]        # Probability, Reward, Next state
26:
27:     s_new = (s[0] + a[0], s[1] + a[1])
28:
29:     if s_new not in self.states:
30:       return [(1, 0, s)]        # Probability, Reward, Next state
31:
32:     if s_new in self.traps:
33:       # Probability, Reward, Next state
34:       return [(self.alpha, -1, self.start), (1-self.alpha, -1, self.goal)]
35:
36:     return [(1, -1, s_new)]     # Probability, Reward, Next state
```

94

2〜21行目の初期化関数（コンストラクタ）では、変数の初期化を行います。この部分は、「2次元のグリッドワールド」で説明した[PE2-02]の初期化関数とほぼ同じです。違いとしては、オプションalphaで、先に説明した確率αが指定できるようになっています。

23〜36行目のmoveメソッドは、状態遷移の結果を返します。ただし、今回は確率的な状態遷移を含むので、起こり得るすべての遷移について、条件付き確率$p(r, s' \mid s, a)$、報酬r、次の状態s'の組を返す必要があります。ベルマン方程式(2.21)の右辺を計算する際は、起こり得るすべての結果(r, s')について$p(r, s' \mid s, a)$を用いた和を計算する必要があるからです。ここでは、(p, r, s')のタプルをまとめたリストを返すように実装しています[注17]。

具体的には、次のようになります。24〜25行目は、現在の状態がすでに終了状態にある場合で、確率1で、報酬0と共に同じ終了状態が返ります。27行目は、指定のアクションを適用した次の状態を変数s_newに格納しています。29〜30行目は、一番右の状態で右に進むアクションを選択したなど、次の状態が存在しない場合の処理で、確率1でエージェントは現在の状態にとどまります。32〜34行目は、落とし穴に落ちた場合で、ここで確率的な遷移が発生します。確率α（self.alpha）で報酬-1と共に左上の状態（self.start）に移動するか、もしくは、確率$1 - \alpha$（1-self.alpha）で報酬-1と共に終了状態（self.goal）に移動します。最後に、36行目は、通常の移動に対応する処理で、確率1で報酬-1と新しい状態s_newを返します。

次の[PE3-03]では状態価値関数の値をヒートマップで可視化する関数show_valuesを定義しますが、この部分は先のノートブックの[PE2-03]と同じなので、説明は割愛します。そして次は、動的計画法を適用する関数policy_evalを定義します。

[PE3-04]

```
1: def policy_eval(world, gamma=1, delta=0.01):
2:   while True:
3:     delta_max = 0
4:     for s in world.states:
5:       v_new = 0
6:       for a in world.actions:
```

注17　この後のさまざまな実装例でも、(p, r, s')のタプルをまとめたリストを返す場合（確率的な状態遷移を含む場合）と、単一のr, s'のペアを返す場合（確率的な状態遷移を含まない場合）があります。それぞれの場合で、その後の処理方法に違いが生じるので注意してください。

```
 7:         results = world.move(s, a)
 8:         for p, r, s_new in results:
 9:           v_new += world.policy[(s, a)] * p * (r + gamma * world.value[s_new])
10:       delta_max = max(delta_max, abs(world.value[s] - v_new))
11:       world.value[s] = v_new
12:
13:     if delta_max < delta:
14:       break
```

　この部分は、先のノートブックの[PE2-04]と似ていますが、6行目から始まる「取り得るすべてのアクション a についてのループ」に加えて、8行目から始まる「（7行目で move メソッドを用いて取得した）すべての (p, r, s') のタプルについてのループ」がある点が異なります。9行目で v_new に加える値は、ベルマン方程式（2.21）の右辺に含まれる和の1つの項、$\pi(a \mid s) p(r, s' \mid s, A) \{r + \gamma v_\pi(s')\}$ に対応しています。この2重ループにより、ベルマン方程式の右辺の値を計算して、状態価値関数の更新を行っています。状態価値関数の更新量の最大値が、オプション delta で指定された値（デフォルト値は0.01）未満になったところで処理を打ち切る点は以前と同じです。

　これで準備が整いましたので、2つの例について、状態価値関数 $v_{\pi_{RD}}(s)$ を求めてみます。

[PE3-05]
```
1: world = Gridworld(size=6, traps=[(4, y) for y in range(4)], alpha=0.8)
2: policy_eval(world)
3: show_values(world, title='Final values')
```

　まずこの例では、図2.20と同じ位置に落とし穴を用意して、左上に戻る確率 α を0.8に設定しています。結果は図2.24のようになります。この場合、落とし穴の手前部分は状態価値関数の値が小さくなっており、落とし穴に落ちると不利になることがわかります。次に、確率 α の値を変更してみます。

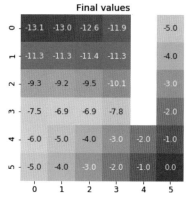

図2.24　2次元のグリッドワールドの状態価値関数 $v_{\pi_{\mathrm{RD}}}(s)$：例4

[PE3-06]

```
1: world = Gridworld(size=6, traps=[(4, y) for y in range(4)], alpha=0.2)
2: policy_eval(world)
3: show_values(world, title='Final values')
```

　この例では、左上に戻る確率 α を 0.2 に設定しています。結果は**図2.25**のようになります。この場合、落とし穴の手前部分は状態価値関数の値が大きくなっており、落とし穴に落ちた方が有利になることがわかります。これらの例から、確率的な状態遷移を含む場合についても、ベルマン方程式を用いた動的計画法がうまく機能することがわかります。

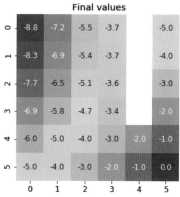

図2.25　2次元のグリッドワールドの状態価値関数 $v_{\pi_{\mathrm{RD}}}(s)$：例5

演習問題

Q1 ノートブック「01_Policy_Evaluation_1.ipynb」の [PE1-05] において、終了状態を $s = 7$ から $s = 0$ に変更し、さらに、左に動き続ける行動ポリシー π_L を設定します。この場合、次の [PE1-06] の結果がどのように変わるか確認してください。また、そのように変わる理由を説明してください。

Q2 ノートブック「01_Policy_Evaluation_1.ipynb」の [PE1-09] において終了状態を $s = 0$ と $s = 7$ の2箇所に設定した場合、次の [PE1-10] と [PE1-11] の結果がどのように変わるか確認してください。また、それらの結果が持つ対称性を確認してください。

解答

コード例は、いずれもフォルダー「Chapter02」にある、次のノートブックを参照してください。

- 04_Policy_Evaluation_4.ipynb

A1 実行結果は**図2.26**のようになります。この場合、1巡目の更新だけで、すべての状態 s について、状態価値関数 $v_{\pi_\mathrm{L}}(s)$ は正しい値に収束しています。これは、状態価値関数の値の更新を $s = 0 \to 1 \to 2 \to \cdots$ の順に行っているためで、今回の場合、バックアップ図を終了状態から上にさかのぼる順番になります。このため、終了状態 $s = 0$ に到達して+1の報酬を得られるという情報が $s = 0 \to 1 \to 2 \to \cdots$ の順に、一度で伝達されます。

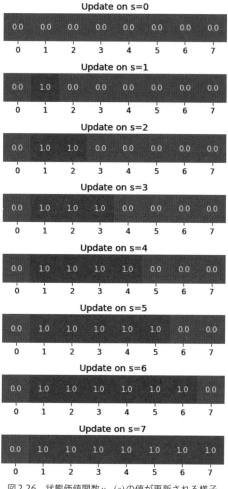

図2.26 状態価値関数 $v_{\pi_L}(s)$ の値が更新される様子

A2 実行結果は**図2.27**、および、**図2.28**のようになります。環境、および、行動ポリシー π_{LR} は左右の対称性がありますが、**図2.27**における1巡目と2巡目の結果を見ると、状態価値関数 $v_{\pi_{LR}}(s)$ の値には、その対称性が反映されていません。これは、状態価値関数の値の更新順序（ $s = 0 \to 1 \to 2 \to \cdots$ ）に左右の対称性がないためです。ただし、これは動的計画法による計算の過渡的な現象であり、**図2.28**に見るように、最終的な計算結果では対称性を持った正しい結果が得られています。

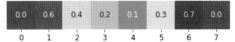

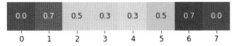

図2.27 状態価値関数 $v_{\pi_{\mathrm{LR}}}(s)$ の値が更新される様子

図2.28 状態価値関数 $v_{\pi_{\mathrm{LR}}}(s)$ の値（最終結果）

3

行動ポリシーの
改善アルゴリズム

3.1 ポリシー反復法

前章では、マルコフ決定過程として環境が与えられた時、行動ポリシーπを1つ決めると、対応する状態価値関数$v_\pi(s)$が計算できることを説明しました。さらに、状態価値関数の値を調べることで、行動ポリシーの良し悪しを比較することができました。たとえば、「2.2.2　状態価値関数の比較による最善の行動ポリシーの発見」では、π_Rとπ_Lの2種類の行動ポリシーを比較しました。この際、出発地点によって有利な行動ポリシーが異なるという状況にも遭遇しましたが、最終的には、出発地点によらずにベストな結果が得られる（すなわち、他のいかなる行動ポリシーよりも、状態価値関数の値が必ず大きくなる）、最善の行動ポリシーπ_*を構成することができました。

本章では、この最善の行動ポリシーπ_*を一定のアルゴリズムに基づいて機械的に発見する方法を説明します。状態価値関数というのは行動によって得られる総報酬の期待値を表すものでしたから、「総報酬を最大化する行動ポリシーを発見する」という強化学習の目標は、（計算時間などの問題を無視すれば）これで達成できることになります。本節ではまず、「ポリシー反復法」と呼ばれるアルゴリズムを解説します。

3.1.1　『一手先読み』による行動ポリシーの改善

一般に、2つの行動ポリシーπ_1とπ_2を比較した際に、すべての出発地点sに対して$v_{\pi_1}(s) \geq v_{\pi_2}(s)$が成り立つ時、「行動ポリシー$\pi_1$は行動ポリシー$\pi_2$よりも優れている」と定義します。この場合、最善の行動ポリシーπ_*というのは、他のどのような行動ポリシーπよりも優れている、すなわち、「任意の行動ポリシーπ、および、任意の出発地点sに対して$v_{\pi_*}(s) \geq v_\pi(s)$が成り立つもの」と定義することができます。

このような都合のよい行動ポリシーが、任意の環境に対して存在するのか疑問に思うかもしれません。たとえば、出発地点sによって、$v_{\pi_1}(s) > v_{\pi_2}(s)$となったり、$v_{\pi_1}(s) < v_{\pi_2}(s)$となったりする場合、2つの行動ポリシー$\pi_1$と$\pi_2$は、どちらが優れているかを一概に判定することができません。このように、優劣が判定できないものが混在している場合、一般には、「他のすべてよりも優れたもの」が存在しない可能性はあります[注1]。しかしながら、有限個の状態からなるマルコフ決定過程の場合は、こ

注1　「ジャンケン」には、一番強い手が存在しないことを考えてみるとよいでしょう。

こで定義した最善の行動ポリシーπ_*が必ず存在することが知られています。数学的な証明は少し高度になるため本書では割愛しますが、ここで説明する手法を用いれば、この行動ポリシーπ_*を実際に作り出すことができます。これまでと同様に、Pythonで実装した実例を通して、確かにうまくいくことを確認していきましょう。

はじめに、任意の行動ポリシーπに対して、それよりも優れた行動ポリシーπ'を作り出す方法を説明します。正式な名称ではありませんが、「一手先読み法」とでも言える手順です。これを正確に説明するために、新しい関数を1つ定義します。一般に、「行動－状態価値関数$q_\pi(s,a)$」と呼ばれるもので、状態価値関数と同様に行動ポリシーπごとに決まります。これは、現在の状態sにおいて、「はじめにアクションaを選択して、その後は行動ポリシーπに従って行動を続けた場合」に得られる総報酬の期待値を表します。

たとえば、状態sにおいてアクションaを選択した時、報酬rと次の状態s'が得られたとします。この後は行動ポリシーπに従って行動を続ける約束ですので、この先に得られる総報酬の期待値は$v_\pi(s')$となり、最初の報酬rとあわせて、sから見た総報酬の期待値は$r + v_\pi(s')$になります（報酬の割引率は$\gamma = 1$としています）。ただし、報酬rと次の状態s'が得られる確率は$p(r,s' \mid s,a)$ですので、あらゆる(r,s')の組み合わせについての期待値を取る必要があり、最終的に次の関係式が得られます。

$$q_\pi(s,a) = \sum_{(r,s')} p(r,s' \mid s,a)\{r + v_\pi(s')\}$$

これはバックアップ図で表すと、**図3.1**のようになります。「2.3.1　ベルマン方程式と動的計画法」の**図2.10**と比較すると、今回の場合、最初のアクションが特定のaに固定されているという違いがよくわかるでしょう。

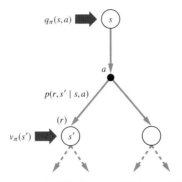

図3.1　行動−状態価値関数 $q_\pi(s,a)$ を表すバックアップ図

報酬の割引率 γ を適用する場合であれば、「2.3.1　ベルマン方程式と動的計画法」で導いた関係 (2.20) から、次のようになります。

$$q_\pi(s,a) = \sum_{(r,s')} p(r,s' \mid s,a)\{r + \gamma v_\pi(s')\} \tag{3.1}$$

この後は、割引率 γ を考慮した、こちらの関係式で計算を進めます。この行動−状態価値関数 $q_\pi(s,a)$ を用いて、新たな行動ポリシー π' を次のルールで定義します。

- 状態 s で選択可能なすべてのアクション a' について $q_\pi(s,a')$ の値を比較して、これが最大になるアクションを選択する

少しまわりくどい表現ですが、将棋で言えば、次の一手について、あらゆる手を比較して一番よいものを選ぶようなものです。ただし、どの手がよいかを正確に比較するには、一手先を見るだけではだめで、もっと先の手まで読んで、ツリー状に展開されるあらゆる手筋を比較する必要があります。そこまでするのは大変なので、二手目以降については既存の行動ポリシー π に従うものと仮定して、次の一手のよさを測ろうというのがこの作戦です。一般に、状態 s を固定した際に、関数 $q_\pi(s,a')$ を最大にする a' は、$\underset{a'}{\mathrm{argmax}}\, q_\pi(s,a')$ という記号で表されます。この記号を用いれば、行動ポリシー π' は次のように定義することもできます[注2]。

注2　厳密に言うと、$q_\pi(s,a')$ を最大にする a' が複数ある場合は、この書き方はできません。そのような場合は、最大値を与える a' の中からどれか1つを任意に選ぶものとしてください。

$$\pi'(a \mid s) = \begin{cases} 1 & (a = \operatorname*{argmax}_{a'} q_\pi(s, a') \text{ の場合}) \\ 0 & (\text{その他の場合}) \end{cases} \tag{3.2}$$

これは、(行動−状態価値関数 $q_\pi(s, a)$ を最大にするという意味で) ベストと思われる行動を確率1で選択するものであり、行動の選択に確率的な要素は含まれていません。このように、確率的な要素を持たず、何らかの基準でベストな行動を選択し続ける行動ポリシーを一般に「Greedy ポリシー」と言います[注3]。Greedy ポリシーの場合、上記のような条件付き確率を用いた表現ではなく、状態 s で選択するアクション a を示す関数として、次のように表記することもあります[注4]。

$$\hat{\pi}'(s) = a$$

ここでは、上式右辺の a は $q_\pi(s, a')$ を最大にするもの、すなわち、$a = \operatorname*{argmax}_{a'} q_\pi(s, a')$ ですので、次のように表されます。

$$\hat{\pi}'(s) = \operatorname*{argmax}_{a'} q_\pi(s, a') \tag{3.3}$$

このようにして得られた行動ポリシー π' は、常に一手先を読んでいる分、元の行動ポリシー π よりも優れていると期待できます。少し面倒ですが、この事実は次のように計算で示すこともできます。はじめに、行動−状態価値関数 $q_\pi(s, a)$ を状態価値関数 $v_\pi(s)$ に変換する次の関係式に注目します。

$$v_\pi(s) = \sum_a \pi(a \mid s) q_\pi(s, a) \tag{3.4}$$

少し唐突に感じるかもしれませんが、これは、先ほどの (3.1) を代入すればベルマン方程式 (2.21) に一致しており、確かに成り立つ関係式です。念のために、ベルマン方程式を再掲すると次になります。

注3　第1章のバンディットアルゴリズムで用いた ε-greedy ポリシーは、「その時点でベストと考えられる選択をする Greedy ポリシーに、確率 ε でランダムな選択を混ぜたもの」という意味になります。

注4　文献によっては、^記号を付けずに $\pi'(s) = a$ と表記することもあります。本書では (3.2) と区別するために、^記号を付けています。

$$v_\pi(s) = \sum_a \pi(a \mid s) \sum_{(r,s')} p(r,s' \mid s,a) \{r + \gamma v_\pi(s')\} \tag{3.5}$$

上式の右辺では、$\sum_a \pi(a \mid s)$という和によって、あらゆるアクションaに対する期待値を計算していますが、ここを特定のアクションaに限定したものが、ちょうど$q_\pi(s,a)$に一致します。一方、$q_\pi(s,a)$は、aの関数として見た場合、$a = \hat{\pi}'(s)$の時に最大値$q_\pi(s,\hat{\pi}'(s))$を取るので$q_\pi(s,a) \le q_\pi(s,\hat{\pi}'(s))$が成り立ちます。これを (3.4) に代入すると、次の関係式が得られます。

$$v_\pi(s) = \sum_a \pi(a \mid s) q_\pi(s,a) \le \sum_a \pi(a \mid s) q_\pi(s,\hat{\pi}'(s)) = q_\pi(s,\hat{\pi}'(s))$$

最後の等号では、$\pi(a \mid s)$が条件付き確率であることから、$\sum_a \pi(a \mid s) = 1$となることを用いています。$q_\pi(s,\hat{\pi}'(s))$はaに依存しない点に注意してください。まとめると、次の関係が得られます。

$$v_\pi(s) \le q_\pi(s,\hat{\pi}'(s)) \tag{3.6}$$

これは、一手目を先読みしてアクションを選んだ際の総報酬（右辺）は、一手目からπに従った場合の総報酬（左辺）より大きくなることを示すものですが、新しい行動ポリシーπ'に従うということは、二手目以降も同様に「一手先読み」を適用するので、π'に従い続けた場合の総報酬$v_{\pi'}(s)$は、これよりもさらに大きくなり、次が成り立つと予想されます。

$$q_\pi(s,\hat{\pi}'(s)) \le v_{\pi'}(s) \tag{3.7}$$

(3.7) が証明できれば、(3.6) とあわせて、任意の状態sについて$v_\pi(s) \le v_{\pi'}(s)$が成り立ち、π'はπよりも優れた行動ポリシーであることが示されます。(3.7) を示すために、次のような式変形を行います。

$$q_\pi(s_0, \hat{\pi}'(s_0)) = \sum_{(r_1, s_1)} p(r_1, s_1 \mid s_0, \hat{\pi}'(s_0)) \{r_1 + \gamma v_\pi(s_1)\}$$

$$\leq \sum_{(r_1, s_1)} p(r_1, s_1 \mid s_0, \hat{\pi}'(s_0)) \{r_1 + \gamma q_\pi(s_1, \hat{\pi}'(s_1))\}$$

$$= \sum_{(r_1, s_1)} p(r_1, s_1 \mid s_0, \hat{\pi}'(s_0)) \left[r_1 + \gamma \sum_{(r_2, s_2)} p(r_2, s_2 \mid s_1, \hat{\pi}'(s_1)) \{r_2 + \gamma v_\pi(s_2)\} \right]$$

$$= \sum_{(r_1, s_1)} p(r_1, s_1 \mid s_0, \hat{\pi}'(s_0)) r_1 \tag{3.8}$$

$$+ \gamma \sum_{(r_1, s_1)} p(r_1, s_1 \mid s_0, \hat{\pi}'(s_0)) \sum_{(r_2, s_2)} p(r_2, s_2 \mid s_1, \hat{\pi}'(s_1)) r_2 \tag{3.9}$$

$$+ \gamma^2 \sum_{(r_1, s_1)} p(r_1, s_1 \mid s_0, \hat{\pi}'(s_0)) \sum_{(r_2, s_2)} p(r_2, s_2 \mid s_1, \hat{\pi}'(s_1)) v_\pi(s_2) \tag{3.10}$$

1行目の等号は、(3.1)と同じものです。和を取る変数の記号が異なりますが、こ
こでは、状態s_0から出発して、最初のアクション$\hat{\pi}'(s_0)$を選択した結果、報酬r_1と次
の状態s_1が得られたという気持ちを込めています。以前にも出てきましたが、次のよ
うな変化のサイクルを念頭に置いていると考えてください。

$$S_0 \underset{A_0}{\longrightarrow} (R_1, S_1) \underset{A_1}{\longrightarrow} (R_2, S_2) \underset{A_2}{\longrightarrow} \cdots$$

2行目の不等号は先ほどの(3.6)です。3行目の等号では、$q_\pi(s_1, \hat{\pi}'(s_1))$にふたたび
(3.1)を適用しています。得られた結果を3つの項に分解すると、(3.8)〜(3.10)が
得られます。

　一見すると複雑な数式ですが、**図3.2**のバックアップ図とあわせて見ると、意味が
理解できます。第1項の(3.8)は、最初のアクションA_0で得られる報酬R_1の期待値
です。第2項の(3.9)は、2回目のアクションで得られる報酬R_2の期待値(に割引
率γを掛けたもの)です。これは、1回目のアクション後の状態がs_1と決まっていれば、
2回目のアクションの結果に対する期待値として、$\sum_{(r_2, s_2)} p(r_2, s_2 \mid s_1, \hat{\pi}'(s_1)) r_2$で計算さ
れるものですが、実際には、1回目のアクションの結果も確率的に得られるので、さ
らに1回目の結果についても期待値を取ったものが(3.9)になります。つまり、(3.8)
の和$\sum_{(r_1, s_1)}$は、**図3.2**の上から2段目のすべての状態(白丸)についての和になっており、

(3.9) の和 $\displaystyle\sum_{(r_1, s_1)}\sum_{(r_2, s_2)}$ は、上から3段目のすべての状態(白丸)についての和になっているのです。

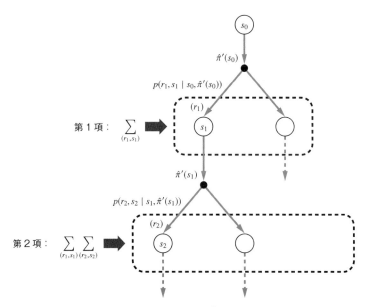

図3.2 行動ポリシーπ'のバックアップ図

第3項の(3.10)はこのままでは解釈できませんが、末尾の$v_\pi(s_2)$にふたたび(3.6)と(3.1)を適用すると、3回目のアクションで得られる報酬R_3の期待値と、$v_\pi(s_3)$を含む項が得られます。つまり、この手続きを繰り返していくと、**図3.2**の白丸で表される状態を「幅優先探索」によって上から下にスキャンしながら、各ステップでの報酬の期待値が(適切な割引率を掛けた形で)順次現れてきます。やがて、終了状態s_Nに達したところは$v_\pi(s_N) = 0$となり、そこで展開(探索)が終わります[注5]。

つまり、上記の手続きを繰り返した結果は、行動ポリシーπ'に従い続けた際の総報酬の期待値$v_{\pi'}(s_0)$に一致します。それぞれのステップにおけるアクションの選択は$\hat\pi'(s_n)\ (n = 0, 1, \cdots)$であり、行動ポリシー$\pi'$に従っている点に注意してください。また、計算の途中に現れる不等号は、すべて$\leq$の向きになっているので、これで関係式(3.7)が得られたことになります。

注5　非エピソード的タスクの場合は展開が無限に続きますが、nステップまで展開した時の末尾の項($v_\pi(s_n)$を含む項)にはγ^nが掛かっており、$n \to \infty$の極限でこの項の寄与は0になります。

■ 3.1.2 ポリシー反復法の適用例

前項の方法で、任意の行動ポリシー π に対して、行動－状態価値関数 $q_\pi(s,a)$ を用いてより優れた行動ポリシー π' を構成できることがわかりました。それでは、この手続きを何度も繰り返すとどうなるでしょうか？ 具体的には、次の手順になります。

- 行動ポリシー π に対する状態価値関数 $v_\pi(s)$ を動的計画法で計算する
- 行動－状態価値関数 $q_\pi(s,a)$ を (3.1) で計算する
- 新しい行動ポリシー π' を Greedy ポリシー (3.3) で決定する
- 行動ポリシー π を新しく得られた行動ポリシー π' に置き換えて最初に戻る

これを繰り返すことで、行動ポリシーはより優れたものへと改善されていきます。ただし、$v_\pi(s)$ と $v_{\pi'}(s)$ の間に成り立つ関係は、厳密には等号を含む不等式 $v_\pi(s) \le v_{\pi'}(s)$ であり、最終的には、任意の s に対して $v_\pi(s) = v_{\pi'}(s)$ となり、それ以上は行動ポリシーが変化しなくなる可能性があります。実は、任意の行動ポリシー π から出発して、上記の手続きを繰り返すと、最終的には最善の行動ポリシー π_* に到達して、そこで変化が止まることが知られています。上記の手続きによって最善の行動ポリシー π_* を得る手法を「ポリシー反復法」と呼びます。

最善の行動ポリシー π_* に必ず到達することを数学的に証明するのは、少し高度な内容になるので割愛し、ここでは、前章と同じグリッドワールドの例を用いて、実際にどのような変化が起こるのかを確認してみます。ここで使用するノートブックは、「ポリシー反復法」に対応する英語で「Policy Iteration」というタイトルを付けています。

❶ 1次元のグリッドワールド

はじめは、フォルダー「Chapter03」にある、次のノートブックを用います。

- 01_Policy_Iteration_1.ipynb

このノートブックでは、**図3.3**にある、8個の状態からなるグリッドワールドを用います。右端に到達すると−1、左端に到達すると+1の報酬が得られます。この環境において、$\frac{1}{2}$ の確率で左右にランダムに移動する行動ポリシー π を設定すると、状態

価値関数$v_\pi(s)$はどのようになるか想像できるでしょうか？　そして、先ほどの方法で新しい行動ポリシーπ'を構成すると結果はどのようになるでしょうか？——ここまでの説明を理解した方であれば、ある程度は答えが想像できるでしょう。実際にノートブックのコードを実行して、結果を確認してみましょう。コードの内容については、第2章で説明したノートブックと重複する部分も多いので、これまでと異なる箇所を中心に解説します。

図3.3　1次元のグリッドワールドの例

　はじめに、コードの実行に必要なモジュールをインポートします（[PI1-01]）。この部分は、これまでと同じです。次に、グリッドワールドを表すGridworldクラスを定義します。

[PI1-02]

```
 1: class Gridworld:
 2:   def __init__(self, size=8):
 3:     self.size = size
 4:     self.states = range(size)
 5:     self.actions = [-1, 1]
 6:
 7:     self.policy = {}
 8:     for s in self.states:
 9:       self.policy[(s, 1)] = 1/2
10:       self.policy[(s, -1)] = 1/2
11:
12:     self.value = {}
13:     for s in self.states:
14:       self.value[s] = 0
15:
16:   def move(self, s, a):
17:     if s in (0, self.size-1): # Terminal state
18:       return 0, s        # Reward, Next state
19:
20:     s_new = s + a
```

```
21:
22:    if s_new == 0:
23:      return 1, s_new    # Reward, Next state
24:
25:    if s_new == self.size-1:
26:      return -1, s_new    # Reward, Next state
27:
28:    return 0, s_new      # Reward, Next state
```

2～14行目の初期化関数（コンストラクタ）では、変数の初期化を行います。8～10行目で、$\frac{1}{2}$の確率で左右にランダムに移動する行動ポリシーπを設定しています。

16～28行目のmoveメソッドは、状態遷移の結果を返します。17～18行目は現在の状態がすでに終了状態にある場合で、22～23行目は左端に到達して+1の報酬が得られる場合、そして、25～26行目は右端に到達して−1の報酬が得られる場合に対応します。その他の通常の移動については、報酬は発生しません（28行目）。これらは確率的な状態遷移を含まないので、それぞれの場合において、報酬rと次の状態s'のペアを返しています。

次の[PI1-03]は、状態価値関数をヒートマップで可視化する関数show_valuesを定義します。この関数の内容は、これまでとほぼ同じです。そして、この後の2つの関数が、本節のメインテーマである「ポリシー反復法」の実装になります。

まず、次の[PI1-04]では、動的計画法で現在のポリシーπに対応する状態価値関数$v_\pi(s)$を計算する関数policy_evalを定義します。値の変化がdelta（デフォルト値は0.01）未満になるまで、ベルマン方程式による更新を繰り返します。この部分の内容は前章で説明した通りで、「2.3.2　動的計画法による計算例（②2次元のグリッドワールド）」の[PE2-04]と同じコードを用いています。

[PI1-04]
```
1: def policy_eval(world, gamma=1, delta=0.01):
2:   while True:
3:     delta_max = 0
4:     for s in world.states:
5:       v_new = 0
6:       for a in world.actions:
7:         r, s_new = world.move(s, a)
8:         v_new += world.policy[(s, a)] * (r + gamma * world.value[s_new])
```

```
 9:        delta_max = max(delta_max, abs(world.value[s] - v_new))
10:        world.value[s] = v_new
11:
12:     if delta_max < delta:
13:       break
```

続いて、新しい行動ポリシーπ'をGreedyポリシー(3.3)で決定して、既存の行動
ポリシーをこれに置き換える関数policy_updateを定義します。

[PI1-05]
```
 1: def policy_update(world, gamma=1):
 2:   update = False
 3:   for s in world.states:
 4:     q_max = -10**10
 5:     a_best = None
 6:     for a in world.actions:
 7:       r, s_new = world.move(s, a)
 8:       q = r + gamma * world.value[s_new]
 9:       if q > q_max:
10:         q_max = q
11:         a_best = a
12:
13:     if world.policy[(s, a_best)] != 1:
14:       update = True
15:     for a in world.actions:
16:       world.policy[(s, a)] = 0
17:     world.policy[(s, a_best)] = 1
18:
19:   return update
```

3〜17行目は、すべての状態sについてのループで、これにより、すべての状
態sに(3.3)を適用します。6〜11行目は、状態sにおいて取り得るアクションaにつ
いてのループで、すべてのアクションaに対する行動−状態価値関数$q_\pi(s,a)$を計算
した上で、それが最大となるアクションaを選び出します。$q_\pi(s,a)$の計算は、前項
の(3.1)で行います。アクションaに対して、複数の結果が確率的に得られる場合は、
それらについての期待値を計算する必要がありますが、今回は、確率的な状態遷移を
含まないので、確率1で得られる特定の結果(r,s')を用いて、$q_\pi(s,a) = r + \gamma v_\pi(s')$と
決まります。7〜8行目がこの計算にあたり、9〜11行目で$q_\pi(s,a)$を最大にするアクショ

ンを変数a_bestに保存しています。この部分は、アクションaについてのループを回しながら、変数q_maxにその時点での最大値を保存する実装になっており、4行目では、実際に取り得る値よりも確実に小さな値（-10^{10}）を初期値に設定しています。

最後に、15〜17行目で状態sにおける行動ポリシーを書き換えています。今の場合、確率的にアクションを選択するという想定で、条件付き確率$\pi(a \mid s)$として行動ポリシーが定義されていますが、実際にはGreedyポリシーを用いるため、変数a_bestに格納されたアクションに対する確率が1で、その他すべてのアクションに対する確率を0に設定しています。また、13〜14行目では、実際に行動ポリシーが変化したかどうかをチェックしており、最終的な行動ポリシーの変化の有無をブール値（True、もしくは、False）で返します（19行目）。先ほどのpolicy_eval（状態価値関数の計算）と、ここで定義したpolicy_update（行動ポリシーの更新）を交互に繰り返すことで最善の行動ポリシーπ_*を得ようというのがポリシー反復法ですが、policy_updateの返り値がFalseであれば、行動ポリシーはそれ以上変化せず、これで最善の行動ポリシーπ_*が得られたことになります。

それでは、実際にGridworldのインスタンスを用意して、行動ポリシーの変化を確認してみます。はじめに、初期状態での状態価値関数を計算して表示します。

[PI1-06]

```
1: world = Gridworld(size=8)
2: policy_eval(world)
3: show_values(world)
```

この実行結果は、**図3.4**になります。今の場合、左右に等確率でランダムに移動するため、より左にいる方が、左端に到達して+1の報酬を得る確率が高くなります。逆に言うと、より右にいる方が、右端に到達して−1の報酬を得る確率が高くなります。これらの関係を反映して、状態価値関数$v_\pi(s)$の値は左の方がより大きくなっています。

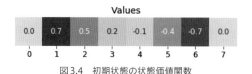

図3.4　初期状態の状態価値関数

それでは、この状態で行動－状態価値関数 $q_\pi(s,a)$ を計算するとどうなるでしょうか。先ほど説明したように、この環境では確率的な状態遷移が発生しないので、行動－状態価値関数は、$\gamma = 1$ として、$q_\pi(s,a) = r + v_\pi(s')$ で計算されます。これを図3.4とあわせて考えると、（終了状態を除く）任意の状態 s において、左に移動する方が、右に移動するよりも $q_\pi(s,a)$ の値は大きくなることがわかります。$s = 2 \sim 5$ の場合は移動で発生する報酬は $r = 0$ なので、左に移動する方が移動先の $v_\pi(s')$ が大きいことから自明ですし、$s = 1, 6$ の場合も移動に伴う報酬 $r = \pm1$ を考慮すると、左に移動する方が $q_\pi(s,a)$ の値は大きくなります。したがって、$q_\pi(s,a)$ が最大になるアクションを選択するというルールで行動ポリシーを更新すれば、常に左に移動する行動ポリシーが得られるはずです。関数 policy_update を実行して、結果を確認してみましょう。

[PI1-07]

```
1: policy_update(world)
2: for (s, a), p in world.policy.items():
3:   if s not in [0, 7]:
4:     print('p({:d},{:2d}) = {}'.format(s, a, p))
```

```
p(1, 1) = 0
p(1,-1) = 1
p(2, 1) = 0
p(2,-1) = 1
p(3, 1) = 0
p(3,-1) = 1
p(4, 1) = 0
p(4,-1) = 1
p(5, 1) = 0
p(5,-1) = 1
p(6, 1) = 0
p(6,-1) = 1
```

ここでは、行動ポリシーを更新した後、得られた $\pi(s,a)$（状態 s でアクション a を選択する確率）の値をそのまま表示しています。この結果から、すべての状態 s において、左に移動するアクション（$a = -1$）が確率1で選択されることがわかります。ここでもう一度、関数 policy_eval を実行して、この行動ポリシーに対する状態価値関数を求めます。

[PI1-08]

```
1: policy_eval(world)
2: show_values(world)
```

この実行結果は、**図3.5**になります。いずれの状態から出発しても最終的には左端に到達するので、（終了状態を除く）すべての状態について、$v_\pi(s) = 1$となります。直感的にも明らかですが、常に左に移動するという現在の行動ポリシーは、最善の行動ポリシーになっています。

図3.5　行動ポリシー更新後の状態価値関数

それでは、この状態からさらに関数policy_updateを実行するとどうなるでしょうか？今の場合、すでに最善の行動ポリシーが得られているので、行動ポリシーはこれ以上変化しないはずです。

[PI1-09]

```
1: policy_update(world)
```

```
False
```

上記の実行結果を見ると、関数policy_updateの返り値はFalseであり、確かに行動ポリシーは変化していません。

❷ 2次元のグリッドワールド

1次元のグリッドワールドを用いてポリシー反復法の仕組みを理解したところで、次は2次元のグリッドワールドを用いて、確率的な状態遷移が発生する場合を試します。ここでは、フォルダー「Chapter03」にある、次のノートブックを用います。

- 02_Policy_Iteration_2.ipynb

このノートブックでは、**図3.6**にある、2次元のグリッドワールドを用います。こ

れは、「2.3.2 動的計画法による計算例」の「③確率的な状態遷移を含む場合」で扱ったものとほぼ同じで、右下が終了状態になります。白抜きで示された「落とし穴」に落ちると、確率 α で左上に移動し、確率 $1-\alpha$ で右下の終了状態に移動します。また、すべての行動に対して -1 の報酬が発生するので、右下の終了状態にできるだけ早く到達することがエージェントの目標になります。

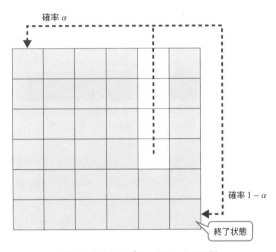

図3.6 2次元のグリッドワールドの例

それでは、実際のコードを見ていきましょう。まずは、これまでと同様に必要なモジュールをインポートして ([PI2-01])、グリッドワールドを表すGridworldクラスを定義します。

[PI2-02]

```
 1: class Gridworld:
 2:   def __init__(self, size=6, traps=[], alpha=0):
 3:     self.size = size
 4:     self.traps = traps
 5:     self.alpha = alpha
 6:     self.start = (0, 0)
 7:     self.goal = (size-1, size-1)
 8:
 9:     self.states = [(x, y) for x in range(size) for y in range(size)]
10:     self.actions = [(-1, 0), (0, -1), (1, 0), (0, 1)]
11:
```

```
12:      self.policy = {}
13:      for s in self.states:
14:        self.policy[(s, (-1, 0))] = 0
15:        self.policy[(s, (0, -1))] = 0
16:        self.policy[(s, (1, 0))] = 1/2
17:        self.policy[(s, (0, 1))] = 1/2
18:
19:      self.value = {}
20:      for s in self.states:
21:        self.value[s] = 0
22:
23:   def move(self, s, a):
24:      if s == self.goal:
25:        return [(1, 0, s)]        # Probability, Reward, Next state
26:
27:      s_new = (s[0] + a[0], s[1] + a[1])
28:
29:      if s_new not in self.states:
30:        # Give a penalty to a non-moving action.
31:        return [(1, -1, s)]       # Probability, Reward, Next state
32:
33:      if s_new in self.traps:
34:        # Probability, Reward, Next state
35:        return [(self.alpha, -1, self.start), (1-self.alpha, -1, self.goal)]
36:
37:      return [(1, -1, s_new)]    # Probability, Reward, Next state
```

　この部分は、「2.3.2　動的計画法による計算例（③確率的な状態遷移を含む場合）」
の [PE3-02] とほぼ同じですが、30～31行目の部分だけが異なります。以前は、一番
上の状態で上に進むアクションを選択した時など、次の状態が存在しない場合は報酬
0で元の位置にとどまることになっていましたが、今回は、この場合にも−1の報酬を
与えています。この部分の報酬を0にすると、「壁に当たり続けてまったく移動しない」
という場合の総報酬が0になり、これを最善の行動ポリシーとして学習する恐れがあ
るためです。また、最初に設定する行動ポリシーは、確率$\frac{1}{2}$で右、もしくは、下にラ
ンダムに移動するというものです（13～17行目）。

　次の [PI2-03] は、状態価値関数をヒートマップで可視化するコードで、この部分
は以前のコード、たとえば、「2.3.2　動的計画法による計算例（②2次元のグリッドワー
ルド）」の [PE2-03] などと変わりありません。今回はさらに、行動ポリシーを可視化

する関数show_policyを次のように用意します。

[PI2-04]

```
 1: def show_policy(world):
 2:   rotation = {(-1, 0): 180, (0, -1): 90, (1, 0): 0, (0, 1): 270}
 3:   fig = plt.figure(figsize=(world.size*0.75, world.size*0.75))
 4:   fig.subplots_adjust(wspace=0, hspace=0, top=0.92)
 5:   fig.suptitle('Policy')
 6:
 7:   c = 0
 8:   for y in range(world.size):
 9:     for x in range(world.size):
10:       c += 1
11:       subplot = fig.add_subplot(world.size, world.size, c)
12:       subplot.set_xticks([])
13:       subplot.set_yticks([])
14:       if (x, y) in world.traps or (x, y) == world.goal:
15:         direction = None
16:       else:
17:         for a in world.actions:
18:           if world.policy[((x, y), a)] == 1:
19:             direction = rotation[a]
20:       if direction != None:
21:         bbox_props = dict(boxstyle='rarrow', fc='gray')
22:         subplot.text(0.5, 0.5, '    ', bbox=bbox_props, size=8,
23:                      ha='center', va='center', rotation=direction)
```

　この関数では、行動ポリシーはGreedyポリシーであるという前提で、各状態において、確率1で選択する方向を矢印で表示します。この部分は、Matplotlibを用いたビジュアライゼーションのコードなので詳細な説明は割愛しますが、この後の**図3.7**（左）のような結果を表示します。

　これ以降は、ポリシー反復法のアルゴリズムを実装するための重要な関数の定義が続きます。以前のコードと同じ部分もありますが、理解のポイントとなる部分ですので、すべてのコードを掲載していきます。

　まず次は、動的計画法により状態価値関数$v_\pi(s)$を決定する関数policy_evalです。これは、「2.3.2　動的計画法による計算例（③確率的な状態遷移を含む場合）」の [PE3-04] と同じコードです。

118

[PI2-05]

```
 1: def policy_eval(world, gamma=1, delta=0.01):
 2:   while True:
 3:     delta_max = 0
 4:     for s in world.states:
 5:       v_new = 0
 6:       for a in world.actions:
 7:         results = world.move(s, a)
 8:         for p, r, s_new in results:
 9:           v_new += world.policy[(s, a)] * p * (r + gamma * world.value[s_new])
10:       delta_max = max(delta_max, abs(world.value[s] - v_new))
11:       world.value[s] = v_new
12:
13:     if delta_max < delta:
14:       break
```

続いて、新しい行動ポリシー π′ を Greedy ポリシー（3.3）で決定して、既存の行動ポリシーをこれに置き換える関数 policy_update を定義します。

[PI2-06]

```
 1: def policy_update(world, gamma=1):
 2:   update = False
 3:   for s in world.states:
 4:     q_max = -10**10
 5:     a_best = None
 6:     for a in world.actions:
 7:       results = world.move(s, a)
 8:       q = 0
 9:       for p, r, s_new in results:
10:         q += p * (r + gamma * world.value[s_new])
11:       if q > q_max:
12:         q_max = q
13:         a_best = a
14:
15:     if world.policy[(s, a_best)] != 1:
16:       update = True
17:     for a in world.actions:
18:       world.policy[(s, a)] = 0
19:     world.policy[(s, a_best)] = 1
20:
21:   return update
```

これは、先ほど1次元のグリッドワールドに対して実装した[PI1-05]とほぼ同じですが、今回の場合は、状態遷移が確率的に得られる点が異なります。(3.1)で行動ー状態価値関数$q_\pi(s,a)$を計算する際は、報酬rと次の状態s'のすべての組について、確率$p(r,s' \mid s,a)$を掛けて足し合わせる必要があります。ここでは、9〜10行目のループでその計算を行っています。

最後に、状態価値関数の計算と行動ポリシーの更新を繰り返し行うことで最善の行動ポリシーを決定する、ポリシー反復法の手続きを自動化する関数policy_iterationを用意します。

[PI2-07]
```
1: def policy_iteration(world):
2:   while True:
3:     print('.', end='')
4:     policy_eval(world)
5:     if not policy_update(world):
6:       print('\n')
7:       break
```

この関数は、先ほど実装したpolicy_evalとpolicy_updateを繰り返し実行して、policy_updateを実行しても行動ポリシーが変化しなかった場合に、そこで処理を終了します。1回のループごとに「.」を表示して、処理の進行状況がわかるようにしてあります。

これですべての準備が整いました。この後は、**図3.6**のグリッドワールドを定義して、さまざまなαの値に対して、最善の行動ポリシーがどのように決まるかを観察します。はじめに、$\alpha = 0.5$で試してみましょう。

[PI2-08]
```
1: world = Gridworld(size=6, traps=[(4, y) for y in range(4)], alpha=0.5)
2: policy_iteration(world)
3: show_policy(world)
4: show_values(world)
```
```
.....
```

ここでは、**図3.6**の構成でGridworldのインスタンスを生成した上で（1行目）、関

数policy_iterationで最善の行動ポリシーを決定し（2行目）、得られた行動ポリシーと対応する状態価値関数の値を表示しています（3〜4行目）。「.」の出力数から、4回目の更新処理では行動ポリシーが変化しなかった、つまり、実質的に3回の更新処理で最善の行動ポリシーが得られたことがわかります。

　得られた行動ポリシーと状態価値関数の値は、**図3.7**になります。今回の場合、落とし穴に落ちると、左上に戻る確率と右下のゴールに移動する確率はどちらも$\frac{1}{2}$ですので、ある程度ゴールに近い位置からは、落とし穴に落ちるという「賭け」をするより、まっすぐゴールに向かった方が有利だと想像できます。逆に、ゴールから遠い場合は、あえて落とし穴に落ちた方が、確率的には有利になるかもしれません。

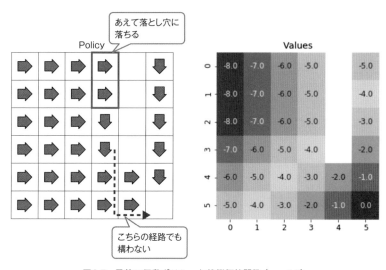

図3.7　最善の行動ポリシーと状態価値関数（$\alpha = 0.5$）

　実際、**図3.7**の結果を見ると、落とし穴の左横で、上から2段目までの位置では、あえて落とし穴に落ちるという選択をしています。対応する状態価値関数の値は−5.0になっていますので、仮に左上に戻ったとしても「再チャレンジ」をすれば、平均的には5ステップでゴールに到達することになります。これらの位置からは、落とし穴を利用せずにまっすぐゴール向かうと6ステップ以上かかりますので、落とし穴を利用した方が有利になるというわけです。

　また、**図3.7**の下部の吹き出しにあるように、この問題の場合、最短のステップでゴールに到達する経路は1通りではありません。これは、ある状態sにおいて、行動−状

態価値関数 $q_\pi(s, a)$ を最大にするアクション a が複数存在することに対応します。今回のコード（[PI2-06]）では、6〜13行目のループで、たまたま先に発見された方を選択するという実装になっています。ただし、$q_\pi(s, a)$ を最大にするという条件を満たしていれば、どのアクションを選択した場合でも、対応する状態価値関数の値は同じになります。つまり、得られる総報酬の期待値は同じであり、総報酬を最大化するという意味ではいずれの行動ポリシーも同等になります。

　それでは次に、α の値を少し小さくして、$\alpha = 0.45$ にするとどうなるでしょうか？落とし穴に落ちた際に、左上に戻る確率が小さくなる、すなわち、右下のゴールに移動する確率が大きくなるので、落とし穴を選択をする場所が増えると予想されます。次のコードを実行して、実際に確認してみましょう。

[PI2-09]

```
1: world = Gridworld(size=6, traps=[(4, y) for y in range(4)], alpha=0.45)
2: policy_iteration(world)
3: show_policy(world)
4: show_values(world)
```

...

　この実行結果は、**図3.8**になります。先ほどの**図3.7**と比較すると、確かに、あえて落とし穴に落ちるという場所が増えています。これで、ポリシー反復法が期待通りの働きをすることが、ほぼ確認できたと言えるでしょう。

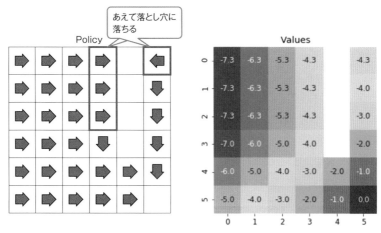

図3.8　最善の行動ポリシーと状態価値関数（$\alpha = 0.45$）

最後に、$\alpha = 1.0$、および、$\alpha = 0.0$という極端な設定例での結果を確認しておきます。まずは、$\alpha = 1.0$の場合です。

[PI2-10]

```
1: world = Gridworld(size=6, traps=[(4, y) for y in range(4)], alpha=1.0)
2: policy_iteration(world)
3: show_policy(world)
4: show_values(world)
```
....

　この結果は、**図3.9**になります。落とし穴に落ちると、確率1で左上に戻るので、落とし穴を確実に避ける行動ポリシーが得られています。そして次は、$\alpha = 1.0$の場合です。

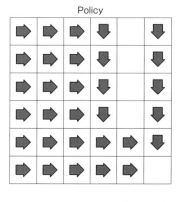
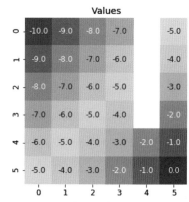

図3.9　最善の行動ポリシーと状態価値関数（$\alpha = 1.0$）

[PI2-11]

```
1: world = Gridworld(size=6, traps=[(4, y) for y in range(4)], alpha=0.0)
2: policy_iteration(world)
3: show_policy(world)
4: show_values(world)
```
...

この結果は、**図3.10**になります。落とし穴に落ちると、確率1で右下のゴールに到達するので、積極的に落とし穴を活用する行動ポリシーが得られています。いずれも合理的で納得できる結果と言えるでしょう。

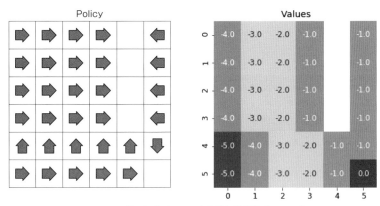

図3.10　最善の行動ポリシーと状態価値関数（$\alpha = 0.0$）

3.2　価値反復法

ここでは、ポリシー反復法を発展させた「価値反復法」について説明します。ポリシー反復法と比較すると、アルゴリズムの動作は少し単純になり、問題によっては最終結果が得られるまでの計算時間を短縮することができます。ただし、実際の実行時間については、問題の性質やコードの実装方法にも依存します。まずは、それぞれのアルゴリズムの違いを正確に理解することを目指してください。次節では、これらのアルゴリズムを用いて、より現実的な問題を解く例も紹介していますので、具体的な実装方法の参考にしてください。

3.2.1　状態価値関数と行動ポリシーの並列更新

前節で説明したポリシー反復法では、新しい行動ポリシーを得るごとに動的計画法による状態価値関数$v_\pi(s)$の計算をやり直す必要がありました。しかしながら、ここで状態価値関数を計算する目的は、既存の行動ポリシーよりもさらに優れた行動ポリ

シーを発見することであり、その意味では$v_\pi(s)$を必ずしも厳密に求める必要はありません。たとえば、これまでの実装（[PI1-04]や[PI2-05]）では、「値の変化の最大値がδ（デルタ）未満になる」という条件で計算を打ち切るようにして、δには0.01などの小さな値を設定していました。もしかしたら、δをもっと大きな値にして、より早く計算を打ち切れば、より早く最善の行動ポリシーを発見できるかもしれません。

実はこの意味では、行動ポリシーを更新するタイミングは極限まで早めることができます。まず、**図3.11**を見て、状態価値関数を計算する関数policy_evalの実装[PI2-05]をもう一度確認してみましょう。4〜11行目のループでは、すべての状態sについてベルマン方程式を用いて$v_\pi(s)$を更新していますが、この中で既存の行動ポリシーπを用いるのは9行目になります。world.policy[(s, a)]が、状態sにおいてアクションaを選択する条件付き確率$\pi(a \mid s)$に対応する点を思い出してください。なお、コード上では、6〜9行目ですべてのアクションaについてのループを回していますが、行動ポリシーπがGreedyポリシーであれば、実際に意味を持つのは、$\pi(a \mid s) = 1$となる特定のアクションのみです。

```
 1: def policy_eval(world, gamma=1, delta=0.01):
 2:   while True:
 3:     delta_max = 0
 4:     for s in world.states:
 5:       v_new = 0
 6:       for a in world.actions:
 7:         results = world.move(s, a)
 8:         for p, r, s_new in results:
 9:           v_new += world.policy[(s, a)] * p * (r + gamma * world.value[s_new])
10:       delta_max = max(delta_max, abs(world.value[s] - v_new))
11:       world.value[s] = v_new
12:
13:     if delta_max < delta:
14:       break
```

> すべての状態sについてのループ

> すべてのアクションaについてのループ

> 実際に値を持つのは$\pi(a \mid s) = 1$となる特定のaのみ

図3.11　関数policy_evalの構造

そこで、6行目からのループを回す直前に、この時点での$v_\pi(s)$の値を用いて状態sにおける行動ポリシーを事前にアップデートしておき、直後のベルマン方程式には新しい行動ポリシーを適用します。具体的には、前節の（3.1）を用いて行動−状態価値関数$q_\pi(s,a)$を計算して、これが最大になるアクションaを決定した上で、これ

を用いて行動ポリシー$\pi(a \mid s)$を書き換えます。その後、この行動ポリシーでアクションを選択したという前提で、ベルマン方程式の右辺を計算して、状態価値関数$v_\pi(s)$の値を更新します。これは、言うなれば、Greedyポリシーを用いた行動ポリシーの更新と、ベルマン方程式による状態価値関数の更新をそれぞれの状態sについて並列に行うことになります。このアルゴリズムを「価値反復法」と呼びます。

ポリシー反復法と価値反復法の処理の違いを整理すると、**図3.12**になります。すべての状態sについてのループを状態価値関数と行動ポリシーに対して個別に回すのか、1つのループで両方を並列に更新するのかという違いを確認しておいてください。

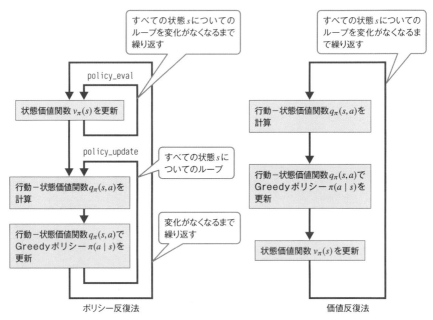

図3.12　ポリシー反復法と価値反復法の処理の流れ

▍3.2.2 価値反復法の適用例

前項の最後に示した**図3.12**を見ると、ポリシー反復法と価値反復法のいずれのアルゴリズムも更新の順序が異なるだけで、最終的には同一の行動ポリシーに収束すると期待することができます。これもまた、数学的に厳密な証明は割愛しますが、先ほどのグリッドワールドの例を用いて実際にうまくいくことが確認できます。ここでは、

フォルダー「Chapter03」にある、次のノートブックを用います。Gridworldクラスの定義など、これまでのコードと同じ部分については詳細な説明を割愛して、価値反復法の実装に関わる部分を解説していきます。「価値反復法」に対応する英語として、このノートブックには「Value Iteration」というタイトルを付けています。

- 03_Value_Iteration_1.ipynb

はじめに、必要なモジュールをインポートして（[VI1-01]）、前節の**図3.6**と同じ2次元のグリッドワールドを表すGridworldクラスを定義します（[VI1-02]）。Gridworldの定義は、前節の[PI2-02]とほぼ同じですが、行動ポリシーの初期化方法だけ異なります。ポリシー反復法の場合、最初のステップとして、行動ポリシー π に対応する状態価値関数 $v_\pi(s)$ を計算する処理が行われるので、意味のある（対応する状態価値関数が適切に計算できる）行動ポリシーをあらかじめ定義しておく必要があります。一方、価値反復法の場合は、与えられた状態価値関数 $v_\pi(s)$ に対応するGreedyポリシーをはじめから決定していくので、行動ポリシーの初期値はその後の計算に影響しません。そのため、[VI1-02]では、次のように行動ポリシーの値はすべてNoneで初期化しています。

[VI1-02]

```
 1: class Gridworld:
 2:   def __init__(self, size=6, traps=[], alpha=0):
......
12:     self.policy = {}
13:     for s in self.states:
14:       for a in self.actions:
15:         self.policy[(s, a)] = None
......
```

先ほどの**図3.12**（右）のように、ポリシー反復法とは異なり、状態価値関数 $v_\pi(s)$ の更新ではなく、「行動−状態価値関数 $q_\pi(s,a)$ を計算」の部分から処理を開始するので、その点に注意してください[注6]。

続いて、状態価値関数と行動ポリシーを可視化する関数show_values（[VI1-03]）、

[注6]　状態価値関数 $v_\pi(s)$ の更新から処理が始まるように実装することもできますが、アルゴリズムとしての本質的な違いはありません。

および、show_policy（[VI1-04]）を定義します。これらのコードは前節の[PI2-03]、[PI2-04]と同じです。そしてこの後、価値反復法の実装が始まります。はじめに、行動－状態価値関数$q_\pi(s,a)$を計算して、行動ポリシー$\pi(a \mid s)$を更新する部分の関数policy_updateを定義します。

[VI1-05]

```
 1: def policy_update(world, s, gamma=1):
 2:   q_max = -10**10
 3:   a_best = None
 4:   for a in world.actions:
 5:     results = world.move(s, a)
 6:     q = 0
 7:     for p, r, s_new in results:
 8:       q += p * (r + gamma * world.value[s_new])
 9:     if q > q_max:
10:       q_max = q
11:       a_best = a
12:
13:   for a in world.actions:
14:     world.policy[(s, a)] = 0
15:   world.policy[(s, a_best)] = 1
16:
17:   return q_max
```

このコードは、ポリシー反復法で使用した同じ名前の関数、たとえば、前節の[PI2-06]の実装を流用しています。ポリシー反復法の場合はすべての状態sについてのループを回しましたが、ここでは、引数で指定された特定の状態sのみを対象とします。4～11行目のループで、すべてのアクションaについて対応する行動－状態価値関数$q_\pi(s,a)$を計算して、これが最大なるアクションaを選んだ後、13～15行目で行動ポリシー$\pi(a \mid s)$を更新しています。最後の17行目は、先ほどの処理で得られた、行動－状態価値関数$q_\pi(s,a)$の最大値を返り値として返却します。

次に、価値反復法の本体となる関数value_iterationを定義します。

[VI1-06]

```
 1: def value_iteration(world, delta=0.01):
 2:   while True:
 3:     delta_max = 0
 4:     print('.', end='')
```

128

```
5:      for s in world.states:
6:          v_new = policy_update(world, s)  # Policy update
7:          delta_max = max(delta_max, abs(world.value[s] - v_new))
8:          world.value[s] = v_new            # Value update
9:
10:     if delta_max < delta:
11:         print('\n')
12:         break
```

　ここでは、5〜8行目のループで、すべての状態 s について、先ほど定義した関数 policy_update の実行（6行目）と状態価値関数の更新（8行目）を行っています。この際、6行目で関数 policy_update が返却した値が、ちょうど、ベルマン方程式（3.5）の右辺に一致している点に注意してください。なぜなら、現在の行動ポリシーは、特定のアクション $a = \hat{\pi}(s)$ を確率1で選択する Greedy ポリシーなので、ベルマン方程式は次のように書き換えられます。

$$v_\pi(s) = \sum_{(r,s')} p(r, s' \mid s, \hat{\pi}(s)) \{r + \gamma v_\pi(s')\}$$

　この右辺は、行動−状態価値関数 $q_\pi(s,a)$ を求める計算式（3.1）の右辺において、$a = \hat{\pi}(s)$ としたものに一致しており、これより次の関係が成り立ちます。

$$v_\pi(s) = \sum_{(r,s')} p(r, s' \mid s, \hat{\pi}(s)) \{r + \gamma v_\pi(s')\} = q_\pi(s, \hat{\pi}(s))$$

　一方、$a = \hat{\pi}(s)$ というのは、$q_\pi(s,a)$ を最大にするアクション a ですので、最後の $q_\pi(s, \hat{\pi}(s))$ は、結局のところ、$q_\pi(s,a)$ の最大値、すなわち、関数 policy_update が返却する値と同じものになります。関数 policy_update の中で計算した値が状態価値関数 $v_\pi(s)$ の更新に利用できるというのは、あくまで偶然の結果ですが、重複する計算処理を発見してうまく再利用するのは、効率的にアルゴリズムを実装するテクニックの1つです。

　そして、すべての状態 s についての更新が終わった際に、状態価値関数 $v_\pi(s)$ の変化の最大値が delta 未満であればそこで処理を打ち切ります（10〜12行目）。ポリシー反復法では、行動ポリシーが変化しなくなった時点で処理を打ち切りましたが、今回の場合は、それではうまくいかない点に注意してください。なぜなら、価値反復法で

は、状態価値関数の更新と行動ポリシーの更新を並列に行っているので、行動ポリシーが変化した後、それに対応する状態価値関数の更新が追いつくまで、次の行動ポリシーの変化が起きない可能性があるからです。なお、上記のコードでは、すべての状態 s についての1回のループごとに「.」を表示しています。

これで価値反復法のアルゴリズムが実装できました。この後は、さまざまな α の値に対して、最善の行動ポリシーと対応する状態価値関数を求めて、結果を確認します。たとえば、次は、$\alpha = 1.0$ の場合の結果を表示します。

[VI1-07]
```
1: world = Gridworld(size=6, traps=[(4, y) for y in range(4)], alpha=1.0)
2: value_iteration(world)
3: show_policy(world)
4: show_values(world)
```

. . . .

この実行結果は、前節の**図3.9**と一致します。価値反復法によって、ポリシー反復法と同じ結果が得られたことになります。次の [VI1-08] は $\alpha = 0.0$ の場合で、こちらもまた、前節の**図3.10**と一致します。

最後の [VI1-09] は $\alpha = 0.5$ の場合になりますが、この結果は、**図3.13**になります。前節の**図3.7**と比較すると、状態価値関数の値は一致していますが、行動ポリシーに異なる部分があります。**図3.7**の下部の吹き出しで説明したように、行動−状態価値関数 $q_\pi(s, a)$ を最大にするアクション a が複数存在することを考慮すると、どちらの結果も最善の行動ポリシーになっており、理論的に矛盾しているわけではありません。ただし、使用するアルゴリズムによってこのような結果の違いが現れる理由については、もう少し詳しく調べることができます。この点については、章末の演習問題1を参考にしてください。

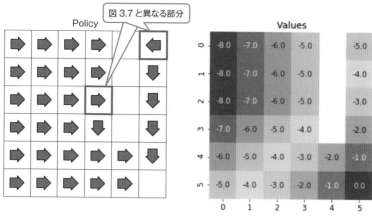

図3.13　価値反復法で得られた結果（$\alpha = 0.5$）

3.3 より実践的な実装例

　ここまで、最善の行動ポリシーを決定する2種類のアルゴリズムとして、ポリシー反復法と価値反復法を説明してきました。2次元のグリッドワールドの例を用いて、どちらのアルゴリズムもうまく機能することを確認しましたが、ここでは、もう少し実践的な問題にこれらのアルゴリズムを適用してみます。現実の問題に強化学習を適用する際は、まずはじめに、問題の内容に応じて、状態の定義や報酬設計をどのように行うのかという環境定義の検討が必要です。さらに、コードを実装する際は、なるべく無駄な計算を省いて効率的に実行するための工夫も必要となります。特に、本章で説明したアルゴリズムは、すべての状態sについてのループを何度も繰り返すため、状態数が多くなるほど計算にかかる時間が長くなります。ループ内で同一の計算を繰り返す部分があった場合、一度計算した結果を再利用するなどの工夫で実行時間を短縮できる場合があります。

3.3.1 三目並べ

　ここでは、三目並べ、俗に言う「○×ゲーム」のエージェントを強化学習で作成します。**図3.14**のように、3×3のマス目に先手（○）と後手（×）が交互に○×の記号

を置いていき、縦横斜めのいずれかに3個同じ記号を並べた方が勝ちになります。このような対戦型のゲームを学習させる場合、対戦相手をどのように想定するかを考える必要があります。たとえば、先手を担当するエージェントから見た場合、自分の手番となる盤面を「状態S」と考える必要があります。そして、現在の行動ポリシーπに従って、ある場所に〇を置くという「アクションA」を選択すると、次に後手がどこかに×を置いた結果、自分の手番となる次の「状態S'」が得られます。したがって、後手の行動を決定するルールがわからなければ、アクションに対して得られる次の状態が決まらず、この状態遷移をマルコフ決定過程として定義することができません。

図3.14　三目並べ

　これにはいろいろな対処法がありますが、ここでは、先手用のエージェントと後手用のエージェントを個別に用意する方法を用います。どちらも、自分の手番となる与えられた盤面に対して、確率1で特定の場所を選択するGreedyポリシーを持つとすれば、先手のアクションAに対して、後手のアクションが一意に決まるので、次の状態S'も確率1で特定の状態が得られます。そこで、後手のエージェントの行動ポリシーを固定しておき、ポリシー反復法を用いて先手のエージェントの行動ポリシーを最適化すれば、この特定の後手に勝利できる先手のエージェントが得られるでしょう。報酬設計としては、ゲームに勝てば+1、ゲームに負ければ−1といった方法が考えられます。

　ただし、実際に必要なのは、特定の後手に勝利するエージェントではなく、より広く一般的な相手と対等に勝負できるエージェントです。この手法で、どのようにして汎用的なエージェントを得ることができるのかは、この後、実際のコードを見ながら解説していきます。ここからは、フォルダー「Chapter03」にある、次のノートブックに沿って解説を進めます注7。

- 04_Tic_Tac_Toe.ipynb

注7　三目並べは英語で「Tic-Tac-Toe」と言います。

はじめに、必要なモジュールをインポートします。

[TTT-01]

```
1: from enum import Enum
2: from copy import deepcopy
3: import random
```

1行目のEnumは、列挙型の定数を定義するためのモジュールです。ここでは、与えられた盤面がどのような状況かを示す補足情報を列挙型の定数として、次のように定義しています。

[TTT-02]

```
1: class StateInfo(Enum):
2:     PLAYER1 = 1
3:     PLAYER2 = 2
4:     WIN1 = 3
5:     WIN2 = 4
6:     TIE = 5
```

PLAYER1とPLAYER2は、ゲームが進行中の盤面で、それぞれ、先手と後手の手番に対応します。WIN1、WIN2、TIEは、ゲームが終了した状態の盤面で、それぞれ、先手の勝利、後手の勝利、引き分けに対応します。コードの中で定数として参照する際は、StateInfo.PLAYER1などと記述します。

次に定義する関数flattenは、1行だけの簡単なものですが、2次元のリストを1次元のリストに変換する「Flatten」と呼ばれる処理を実装しています。

[TTT-03]

```
1: def flatten(lst):
2:     return sum(lst, [])
```

実行例は、次のようになります。

```
lst = [[1, 2], [3, 4, 5], [6]]
flatten(lst)
```
```
[1, 2, 3, 4, 5, 6]
```

そして次は、盤面の状態を表す専用のStateクラスを定義します。3×3の盤面であれば、2次元のリストで表現することもできますが、ここでは、盤面を示す2次元リストに加えて、[TTT-02]で定義した補足情報をインスタンス変数に持たせています。

[TTT-04]

```
1: class State:
2:   def __init__(self, board):
3:     self.board = board
4:     self.info = self.get_state_info(board)
5:
6:   def __hash__(self):
7:     return hash(tuple(flatten(self.board)))
8:
9:   def __eq__(self, other):
10:     return self.board == other.board
11:
12:   def __repr__(self):
13:     chars = {0: u' ･ ', 1: u'○', 2: u'×'}
14:     result = ''
15:     for row in self.board:
16:       result += ''.join([chars[x] for x in row]) + '\n'
17:     return result
18:
19:   def get_state_info(self, board):
20:     num1 = sum(map(lambda x: x == 1, flatten(board)))
21:     num2 = sum(map(lambda x: x == 2, flatten(board)))
22:     if num1 != num2 and num1 != num2 + 1:
23:       return None
24:
25:     lines = [[(x, y) for x in range(3)] for y in range(3)]
26:     lines += [[(x, y) for y in range(3)] for x in range(3)]
27:     lines += [[(x, x) for x in range(3)], [(x, 2-x) for x in range(3)]]
28:     win1, win2 = False, False
29:     for line in lines:
30:       if all(map(lambda pos: board[pos[1]][pos[0]] == 1, line)):
31:         win1 = True
32:       if all(map(lambda pos: board[pos[1]][pos[0]] == 2, line)):
33:         win2 = True
34:
35:     if win1 and win2:
36:       return None
37:     if win1:
```

```
38:        return StateInfo.WIN1
39:      if win2:
40:        return StateInfo.WIN2
41:
42:      if sum(map(lambda x: x == 0, flatten(board))) == 0:
43:        return StateInfo.TIE
44:
45:      if num1 == num2:
46:        return StateInfo.PLAYER1
47:      else:
48:        return StateInfo.PLAYER2
```

　少し長い定義ですが、本質的には、2〜4行目の初期化関数（コンストラクタ）で、盤面の状態を表す2次元リストと、盤面の状況を示す補足情報をインスタンス変数 board と info に保存しているだけです。インスタンス生成時のオプション board に3×3の2次元リストで盤面の状態を与えます。リストの要素は、0、1、2の整数値で、それぞれ、空、○、×の3種類を表します。その直後の2つのメソッド __hash__、__eq__ は、それぞれ、ディクショナリーのキーとして使用する際のハッシュ化関数、および、2つのインスタンス s1、s2 が等しい（s1 == s2 が成り立つ）ための条件を与えます。どちらも、盤面を表す2次元リストが等しければ、インスタンスとして等しいものと扱うようにしてあります。

　その次の __repr__ メソッドは、インスタンスを print 文で表示する際に内部的に使用されるもので、ここでは、盤面の状態をテキストで表示するようにしてあります。実行例は、次のようになります。

```
board = [[2, 0, 0],
         [0, 2, 0],
         [0, 1, 1]]
state = State(board)
print(state)
```

```
×・・
・×・
・○○
```

　19〜48行目の get_state_info メソッドは、4行目で盤面の状況を示す補足情報を取得するために使用します。処理の流れを簡単に説明すると、次のようになります。

20〜23行目は、盤面上の○と×の個数を数えて、同数（○の手番）、もしくは○が1つ多い（×の手番）でなければ、ゲーム中には存在しない盤面として、Noneを返します。25〜33行目は、横（25行目）、縦（26行目）、斜め（27行目）のそれぞれに○、もしくは、×が3個並んでいるかどうかをチェックしています。35〜40行目は、その結果を用いて、両方が3個並んでいるというあり得ない盤面の際はNone、○が勝っている場合はStateInfo.WIN1、そして、×が勝っている場合はStateInfo.WIN2を返します。42〜43行目は引き分けのチェックで、その場合は、StateInfo.TIEを返します。これらのどの条件にも当てはまらなかった場合は、まだゲームが進行中ということになるので、45〜48行目ではどちらの手番かを判断して、StateInfo.PLAYER1（○の手番）、もしくは、StateInfo.PLAYER2（×の手番）を返します。

　続いて、エージェントを表すAgentクラスを定義します。このクラスのインスタンスは、すべての状態sを集めたリスト、状態価値関数$v_\pi(s)$、行動ポリシー$\hat{\pi}(s)$などをインスタンス変数として保持します。少しコードが長いので3つのパートに分けて説明します。はじめは、インスタンス作成時に実行される初期化関数（コンストラクタ）の部分です。

[TTT-05]（パート1/3）

```
 1: class Agent:
 2:   def __init__(self, player):
 3:     self.player = player
 4:
 5:     self.states = []
 6:     rows = [[a, b, c] for a in range(3) for b in range(3) for c in range(3)]
 7:     boards = [[a.copy(), b.copy(), c.copy()] for a in rows for b in rows for
   c in rows]
 8:     for board in boards:
 9:       state = State(board)
10:       if self.player == 1 and state.info not in (None, StateInfo.PLAYER2):
11:         self.states.append(state)
12:       if self.player == 2 and state.info not in (None, StateInfo.PLAYER1):
13:         self.states.append(state)
14:
15:     self.value = {}
16:     for state in self.states:
17:       self.value[state] = 0
18:
```

```
19:       self.policy = {}
20:       for state in self.states:
21:        if self.is_myturn(state):
22:          self.policy[state] = random.choice(self.get_actions(state))
23:        else:
24:          self.policy[state] = None
25:
```

　このクラスは、先手用のエージェントと後手用のエージェントを兼用しており、イ
ンスタンスを生成する際のオプションplayerで先手（player=1）、もしくは、後手
（player=2）を指定します。3行目でインスタンス変数playerに指定された値を保存
しています。

　5〜13行目は、すべての取り得る状態について、[TTT-04]で定義したStateクラス
のインスタンスを生成して、リスト型のインスタンス変数statesに保存しています。
具体的には、○×記号のあらゆる並べ方の組み合わせを生成（6〜7行目）した上で、
Stateクラスのインスタンスに変換しています（8〜13行目のループ）。この際、ゲー
ム中の盤面として存在し得ないもの、および、相手の手番の状態は破棄しています。
本項の冒頭で説明したように、今回の枠組みでは、基本的には、自分の手番がマルコ
フ決定過程における「状態」となります。より正確には、自分の手番の他に、勝敗、
もしくは、引き分けが確定した状態が終了状態として含まれます。ポリシー反復法、
もしくは、価値反復法を用いる際は、このように、マルコフ決定過程として考慮すべ
き「状態」を正しく把握して、網羅的に用意する必要があります。

　15〜17行目は、状態価値関数を表すディクショナリー型のインスタンス変数value
を用意して、先ほどインスタンス変数statesに保存したすべての状態sに対して、初
期値を0に設定しています。19〜24行目は、行動ポリシーを表すディクショナリー
型のインスタンス変数policyを用意して、ランダムなアクションで初期化しています。
今回は、Greedyポリシーが前提なので、与えられた状態stateに対して、確率1で選
択するアクション（自分の記号を置く場所の(x, y)座標を表すタプル）がpolicy[state]
として得られます。ここでは、次に置ける場所から任意の1つをランダムに選択して
います（21〜22行目）。終了状態についてはポリシーを定義する必要がないので、
Noneを設定しています（23〜24行目）。ここで使用しているis_myturnメソッド（あ
る状態が自分の手番かどうかを判定）とget_actionsメソッド（与えられた状態で空
いている場所のリストを取得）は、この次のパートで定義しています。

```
26:   def is_myturn(self, state):
27:     if self.player == 1 and state.info == StateInfo.PLAYER1:
28:       return True
29:     if self.player == 2 and state.info == StateInfo.PLAYER2:
30:       return True
31:     return False
32:
33:   def is_won(self, state):
34:     if self.player == 1 and state.info == StateInfo.WIN1:
35:       return True
36:     if self.player == 2 and state.info == StateInfo.WIN2:
37:       return True
38:     return False
39:
40:   def is_lost(self, state):
41:     if self.player == 1 and state.info == StateInfo.WIN2:
42:       return True
43:     if self.player == 2 and state.info == StateInfo.WIN1:
44:       return True
45:     return False
46:
47:   def get_actions(self, state):
48:     actions = [(x, y) for y in range(3) for x in range(3) if state.board[y][x ⟩
   ] == 0]
49:     return actions
50:
```

　このパートでは、いくつかの補助的なメソッドを定義しています。最初の3つ（is_myturn、is_won、is_lost）は、それぞれ、与えられた状態が、自分の手番であるか、自分が勝った状態であるか、自分が負けた状態であるかを判定して、結果をブール値で返します。これらを判断する際は、それぞれの状態stateに付与しておいた補足情報state.infoを参照している点に注意してください。仮に、このような補足情報がなければ、[TTT-04]で定義したStateクラスのget_state_infoメソッドに相当する判定処理を毎回実行することになります。あらかじめ状態ごとに補足情報を付与しておくことで、同じ計算を繰り返さない工夫をしています。最後のget_actionsは、与えられた状態において空いている場所、つまり、次のアクションとして選択できる場所のリストを返します。

```
51:    def put(self, state, pos, player):
52:      x, y = pos
53:      board = deepcopy(state.board)
54:      board[y][x] = player
55:      return State(board)
56:
57:    def move(self, state, pos, opponent):
58:      if not self.is_myturn(state): # Terminal state
59:        return 0, state
60:
61:      next_state = self.put(state, pos, self.player)
62:
63:      if self.is_won(next_state):
64:        return 1, next_state
65:
66:      if next_state.info == StateInfo.TIE:
67:        return 0, next_state
68:
69:      pos = opponent.policy[next_state]
70:      after_state = self.put(next_state, pos, opponent.player)
71:      if self.is_lost(after_state):
72:        return -1, after_state
73:
74:      return 0, after_state
```

このパートでは、マルコフ決定過程の状態遷移を与えるメソッドを定義しています。はじめのputメソッドは補助的なメソッドで、状態stateの盤面において、プレイヤーplayerが位置posに自分の記号を置いた時に得られる、新しい状態を返します。ここでは、三目並べのルールは考慮せず、とにかく指定された位置の記号を強制的に上書きで変更します。次のmoveメソッドは、状態stateの盤面において、プレイヤーplayerが位置posに自分の記号を置いた時に、マルコフ決定過程として得られる報酬と次の状態を返します。今の場合、相手のプレイヤーがアクションを起こして、ふたたび自分の手番となった状態を返す必要があります。オプションopponentに相手プレイヤーのエージェントを受け渡すことにより、そこに含まれる行動ポリシーの情報を用いて相手プレイヤーのアクションを決定します。

より具体的に説明すると、58～59行目は今の状態がすでに終了状態の場合で、選択したアクションにかかわらず報酬は0で、今と同じ状態を返します。61行目は、指

定の場所にプレイヤーの記号を置いた状態を取得しており、63行目では、それが自分が勝った状態かどうかをチェックしています。自分が勝った場合は、報酬+1が与えられます。あるいは、66行目は、引き分け状態のチェックで、引き分けの場合は報酬は0になります。69行目以降は、まだ勝敗が確定しない場合の処理で、相手プレイヤーの行動ポリシーを用いて、相手プレイヤーの記号を追加で置きます。その結果、相手プレイヤーが勝った場合は報酬−1が与えられます（71〜72行目）。そうでない場合は、報酬0と、自分の手番となる次の状態を返します（74行目）。

　これで、マルコフ決定過程に基づく「環境」の準備ができました。この後は、ポリシー反復法のアルゴリズムを定義します。この部分は、変数名などの違いを除いて、本質的には「3.1.2　ポリシー反復法の適用例」の実装と同じです。はじめに、動的計画法を用いて、現在の行動ポリシーに対する状態価値関数を計算する関数policy_evalを定義します。

[TTT-06]
```
 1: def policy_eval(agent, opponent, gamma=1.0, delta=0.01):
 2:    while True:
 3:      delta_max = 0
 4:      for state in agent.states:
 5:        r, s_new = agent.move(state, agent.policy[state], opponent)
 6:        v_new = r + gamma * agent.value[s_new]
 7:        delta_max = max(delta_max, abs(agent.value[state] - v_new))
 8:        agent.value[state] = v_new
 9:
10:      if delta_max < delta:
11:        break
```

　オプションagentとopponentには、それぞれ、学習対象となるエージェントと対戦相手のエージェントを指定します。対戦相手のエージェントは、相手側のアクションを決定するために利用するもので、このエージェントに対する学習処理は行われません。そして次は、計算された状態価値関数から、新しいGreedyポリシーを決定する関数policy_updateを定義します。

```
 1: def policy_update(agent, opponent, gamma=1.0):
 2:   update = False
 3:   for state in agent.states:
 4:     if not agent.is_myturn(state):
 5:       continue
 6:
 7:     q_max = -10**10
 8:     pos_best = None
 9:     for pos in agent.get_actions(state):
10:       r, state_new = agent.move(state, pos, opponent)
11:       q = r + gamma * agent.value[state_new]
12:       if q > q_max:
13:         q_max = q
14:         pos_best = pos
15:
16:     if agent.policy[state] != pos_best:
17:       update = True
18:     agent.policy[state] = pos_best
19:
20:   return update
```

先ほどと同様に、オプションagentとopponentに、学習対象となるエージェントと対戦相手のエージェントを指定します。すべての状態についてのループを回す際に、ここでは、終了状態に対する処理は明示的にスキップしています（4～5行目）。終了状態に対しては、状態価値関数の値を0に初期化しておけば、ベルマン方程式による更新を行っても結果は0のままになるので、ここでスキップしなくても計算上の問題は発生しません。ここでは、無駄な計算を省いて処理を高速化することを意図して、このように実装しています。

最後に、ポリシー反復法の処理、すなわち、行動ポリシーが変化しなくなるまで、policy_evalとpolicy_updateを交互に繰り返す関数policy_iterationを定義します。

[TTT-08]

```
1: def policy_iteration(agent, opponent):
2:   while True:
3:     print('.', end='')
4:     policy_eval(agent, opponent)
5:     if not policy_update(agent, opponent):
6:       break
```

これですべての準備が整いました。この後は、Agentクラスのインスタンスを生成して、学習処理を進めます。次のように、先手用と後手用のインスタンスを生成します。

[TTT-09]

```
1: agent1 = Agent(player=1)
2: agent2 = Agent(player=2)
```

　ただしここで、学習の戦略をうまく考える必要があります。本項の冒頭で述べたように、最終目標は、広く一般の相手と対等に勝負できるエージェントを作ることです。特定の行動ポリシーを持った対戦相手に勝利することではありません。そこでここでは、先手と後手を交互に学習するという方法を試してみます。

　[TTT-05]（パート1/3）で説明したように、今、それぞれのエージェントには、ランダムに設定した行動ポリシーが用意されています。そこで、後手のエージェントを対戦相手として先手のエージェントを学習すれば、少なくとも、この後手よりは強い先手になるはずです。そして今度は、この先手のエージェントを対戦相手として、後手のエージェントを学習します。すると、後手のエージェントは、今の先手よりも強くなります。このように、先手と後手の学習を交互に繰り返せば、これらは互いにより強くなっていき、最終的には、どちらのエージェントもそれなりの腕前になることが期待できます。

　もちろん、この戦略が期待通りにいくかどうかは、試してみないとわかりません。次のように、先手のエージェントの学習、および、後手のエージェントの学習を1つのペアとして、これを6回繰り返してみます。

[TTT-10]

```
1: for _ in range(6):
2:     policy_iteration(agent1, agent2)
3:     policy_iteration(agent2, agent1)
4:     print('')
```

```
.......
.......
......
.....
...
..
```

ここでは、学習処理の1回分のペアにおいて、関数 policy_update を実行した回数を「.」で示しています。上記の出力の6行目には「.」が2つだけありますが、これは先手も後手も1回目に policy_update を実行した時点で、すでに行動ポリシーが変化しなかったことを意味します。つまり、これ以上は、学習を繰り返しても行動ポリシーは変化しないことになります。

　それでは、学習済みのこれらのエージェントを対戦させて、結果を確認してみましょう。次のコードは、先手の第一手のみランダムに決定して、それ以降は、学習済みの行動ポリシーを参照して打ち手を決定することで対戦を進めます[注8]。

[TTT-11]

```
 1: state = agent1.states[0]
 2: initial = True
 3: while True:
 4:   if initial:
 5:     state = agent1.put(state, random.choice(agent1.get_actions(state)), 1)
 6:     initial = False
 7:   else:
 8:     state = agent1.put(state, agent1.policy[state], 1)
 9:   print(state)
10:   if state.info != StateInfo.PLAYER2:
11:     break
12:
13:   state = agent1.put(state, agent2.policy[state], 2)
14:   print(state)
15:   if state.info != StateInfo.PLAYER1:
16:     break
17:
18: print(state.info)
```

注8　[TTT-11]のコードでは、エージェント内部にある、あらゆる状態を保存したインスタンス変数 states において、最初の要素（agent1.states[0]）がゲームの開始状態に対応するという暗黙の事実を利用しています。

143

```
    ×○○
→   ○○×
    ××○

StateInfo.TIE
```

　何度か実行するとわかるように、先手も後手も最善手（絶対に負けないための手）を打つので、結果は必ず引き分けになります[注9]。次は、先手については、常にランダムな手を打つ場合を試してみます。

[TTT-12]

```
 1: state = agent1.states[0]
 2: while True:
 3:   state = agent1.put(state, random.choice(agent1.get_actions(state)), 1)
 4:   print(state)
 5:   if state.info != StateInfo.PLAYER2:
 6:     break
 7:
 8:   state = agent1.put(state, agent2.policy[state], 2)
 9:   print(state)
10:   if state.info != StateInfo.PLAYER1:
11:     break
12:
13: print(state.info)
```

```
○・・      ○・・      ○・・      ○×・
・・・  →  ・×・  →  ・×○  →  ・×○
・・・      ・・・      ・・・      ・・・


○×○      ○×○
・×○  →  ・×○
・・・      ・×・

StateInfo.WIN2
```

　こちらの場合は、先手が偶然に相手をうまく止める手を打たない限り、後手の勝ちになります。三目並べの場合、お互いが最善手を打てば必ず引き分けになることが知られていますが、そのような最善手を学ぶことに成功しているようです。ただし、こ

注9　[TTT-11]の出力結果は紙面にあわせて整形してあります。実際の出力は、縦方向に盤面が並びます。この後の例も同様です。

れはあくまで三目並べというゲームの特性と、先手と後手を交互に学習するという戦略がうまくマッチした結果であり、あらゆる場合にこの方法がうまくいくというわけではありません。この例を通して、まずは、与えられた問題に対して環境をうまく定義する方法や報酬設計を適切に行う方法、そして、同じ計算を何度も繰り返さないためのコーディングの工夫などを学んでください。

ちなみにこの例の報酬設計について、疑問を持った方はいないでしょうか？「2.1.1 状態遷移図と報酬設計」で将棋の報酬設計に触れた際に、「将棋は勝つことが目的なので、勝った場合に+1の報酬を与え、それ以外の報酬はすべて0にするべき」と説明しました。一方、この例では、勝った場合の他に、負けた場合に−1の報酬を与えています。もしも、負けた場合の報酬も0にした場合、学習結果に違いは生じるでしょうか？―― この点については、章末の演習問題2を参考にしてください。

▎3.3.2 レンタカー問題

これまでは、グリッドワールドや三目並べなど、ゲーム的な要素の強い例ばかりでしたが、ここでは現実のビジネスにおける最適化問題を扱いながら、アルゴリズムを効率的に実装するテクニックを紹介していきます。例として用いるのは、レンタカーショップの経営に関する問題で、次のような問題設定になります。

あなたは、レンタカーのショップを経営しており、貸し出し店舗が街に2箇所あります。それぞれの店舗の駐車場には、最大で20台の自動車が保管できます。これらの店舗では、午前中に貸し出しを行い、午後に返却を受け付けるシステムを採用しています。たとえば、ある朝、店舗1には15台、店舗2には18台の自動車があったとします。すると、この日の午前中、それぞれの店舗では、最大15台、および、18台の自動車を貸し出すことができます。実際の貸し出し台数は、次の確率分布に従うものとします。

- 店舗1：期待値3のポアソン分布（ただし最大値は、店舗にある自動車の台数）
- 店舗2：期待値4のポアソン分布（ただし最大値は、店舗にある自動車の台数）

これは、具体的には**図3.15**のような確率分布になります（コラム「ポアソン分布による確率の計算」も参照）。そして、「20−（朝の台数−午前中の貸し出し台数）」分だけ、それぞれの駐車場には空きができますので、その台数まで、午後に返却を受け付

けることができます（駐車場の空き以上の台数が返却された場合は、その車は他の保管場所に移動してもらいます）。実際の返却台数は、次の確率分布に従います。自動車の貸し出しは複数日にわたることもあるので、午前中に貸し出した台数とは無関係に決まるものとしてください。

- 店舗1：期待値3のポアソン分布（ただし最大値は「20 −（朝の台数 − 午前中の貸し出し台数）」）
- 店舗2：期待値2のポアソン分布（ただし最大値は「20 −（朝の台数 − 午前中の貸し出し台数）」）

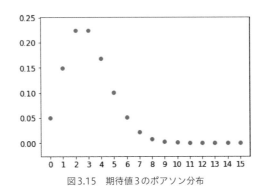

図3.15　期待値3のポアソン分布

　1日の営業が終わると、それぞれの店舗には、「朝の台数 − 貸し出し台数 + 返却台数」分の自動車が残ります。この後、2つの店舗の間では、最大で5台の自動車を移動することができます。たとえば、店舗1に18台、店舗2に3台の自動車が残っていた場合、このままでは、翌日の店舗2の貸し出し数は、3台までに制限されてしまうので、翌日の営業成績を上げるには、店舗1から店舗2に何台か移動しておく方が得策です。たとえば、5台移動したとすれば、翌朝、それぞれの店舗には、13台、および、8台の自動車があります。

　これは、1日の営業が終わった時点での各店舗における自動車の台数のペアを「状態S」として、夜間に移動する自動車の台数を「アクションA」として選択できることを意味します。その結果、翌日の営業が終わると、その日の営業利益が「報酬R」として得られて、「次の状態S'」（翌日の営業終了後、各店舗の駐車場に残った自動車の台数のペア）が決まります。自動車の貸し出し台数と返却台数は乱数で決まるので、これは、確率的な状態遷移を含むマルコフ決定過程になります。

そして、このプロセスに従って日々の営業を続けた場合に、総報酬を最大化するには、一般の状態s（各店舗の駐車場に残った自動車の台数のペア）に応じて、アクションa（店舗間で移動する自動車の台数）をどのように決定すればよいでしょうか？——これはまさに、状態sに応じてアクションaを決定するルール、すなわち、行動ポリシーπを最適化するという強化学習の問題に当てはまります。報酬のルールについては、1台の貸し出しに付き+10（レンタル料金）、そして、夜間に自動車を移動すると、1台に付き−2（移動に必要なガソリン代）の報酬が発生するものとします。アクションaについては、店舗1から店舗2に移動する台数を表すものとして、店舗2から店舗1に移動する場合は負の値を取るものとします。また、これは終了状態のない非エピソード的タスクですので、割引率γの設定が必要です。ここでは、$\gamma = 0.9$と設定しておきます。

Column　ポアソン分布による確率の計算

本文に登場したポアソン分布は、一日に受け取るメールの総数など、一定の確率でランダムに発生する事象について、それが一定期間に発生する総数についての確率を表します。期待値をλ（ラムダ）とすると、n回発生する確率が次の計算式で与えられます。

$$P_\lambda(n) = \frac{\lambda^n e^{-\lambda}}{n!} \tag{3.11}$$

ただし、本文の問題設定に適用する際は、少し注意が必要です。たとえば、店舗1で貸し出される自動車の台数は、期待値3のポアソン分布に従うとありますが、これは正確には、「貸し出しを希望する顧客が店舗に訪れる人数の確率」と考えてください。店舗1にある自動車が15台であれば、16人以上の顧客が来た場合でも、実際に貸し出される台数は15台になります。16人目より後の顧客にはあきらめて帰ってもらうことになります。

したがって、$n = 0, 1, \cdots, 14$については、n台貸し出される確率$P(n)$は（$\lambda = 3$として）$P_\lambda(n)$で計算されますが、15台貸し出される確率については、訪れる顧客が15人以上である確率として、次で計算する必要があります。

$$P(15) = \sum_{n=15}^{\infty} P_\lambda(n) = 1 - \sum_{n=0}^{14} P_\lambda(n)$$

2つ目の等号は、全確率が1になるという、次の関係によるものです。

$$\sum_{n=0}^{\infty} P_\lambda(n) = 1$$

　返却される台数についても同様です。たとえば、店舗1の駐車場の空きが6台分であれば、返却台数がn台である確率は、次のように計算する必要があります。

$$P(n) = P_\lambda(n) \ (n = 0, \cdots, 5)$$
$$P(6) = 1 - \sum_{n=0}^{5} P_\lambda(n)$$

　それでは、この問題を解くアルゴリズムは、どのように実装できるでしょうか？確率を伴う状態遷移のルールが複雑ですが、マルコフ決定過程という枠組みはこれまでと同じですので、たとえば、価値反復法で解くことができます。「3.2.2　価値反復法の適用例」の[VI1-05]、および、[VI1-06]で実装した2つの関数policy_updateとvalue_iterationをこの問題に応じて修正すれば対応可能です。

　この後の実装例を見るとわかるように、実際に変更が必要なのは、関数policy_updateです。これは、与えられた状態sについて、取り得るすべてのアクションaについて行動－状態価値関数$q_\pi(s,a)$を計算して、それが最大となるアクションを決定するという処理です。そのためには、状態sとアクションaを決定した際に、どのような確率で報酬rと次の状態s'が発生するか、すなわち、状態遷移の条件付き確率$p(r,s' \mid s,a)$を計算して、次の和を求める必要があります[注10]。

$$q_\pi(s,a) = \sum_{(r,s')} p(r,s' \mid s,a) \{r + \gamma v_\pi(s')\} \tag{3.12}$$

　特に、「次の状態s'」を網羅するには、それぞれの店舗における貸し出し台数と返却台数のあらゆる組み合わせを考える必要があります。上記の計算を愚直に実装すると、次のようなコードになるでしょう。

```
1: def get_q_value(car_rental, s, a, gamma=0.9):
2:     q = 0
3:     (fst, snd) = s
```

注10　これは、「3.1.1　『一手先読み』による行動ポリシーの改善」で導いた(3.1)と同じ関係式です。

```
 4:    fst -= a # Moving cars
 5:    snd += a # Moving cars
 6:
 7:    for fst_rent in range(fst+1):
 8:      for snd_rent in range(snd+1):
 9:        for fst_ret in range(20-(fst-fst_rent)+1):
10:          for snd_ret in range(20-(snd-snd_rent)+1):
11:            prob = ... # p(fst_rent) * p(snd_rent) * p(fst_ret) * p(snd_ret)
12:            r = -2 * abs(a) + 10 * (fst_rent + snd_rent)
13:            s_new = (fst - fst_rent + fst_ret, snd - snd_rent + snd_ret)
14:            q += prob * (r + gamma * car_rental.value[s_new])
15:
16:    return q
```

3〜5行目は、店舗間で自動車を移動するというアクションを実行しており、fstと
sndは、それぞれの店舗における翌朝の自動車の台数になります。その後、7行目と8
行目では、各店舗における貸し出し台数についてのループを回しています。たとえば、
range(fst+1)は、0〜fstの範囲のループになります。次に、9行目と10行目は、各
店舗における返却台数のループです。たとえば、午前中の貸し出しが終わった時点で、
店舗1の駐車場の空き数は20-(fst-fst_rent)になりますので、返却台数は、最大で
もこの台数に限られます。そして、11行目は、それぞれの貸し出し台数、および、
返却台数が発生する確率をポアソン分布で計算して、それらの積として全体の確
率$p(r,s' \mid s,a)$を計算しています。12行目は対応する報酬rの計算で、13行目は、翌
日の営業終了時における自動車の台数として、次の状態s'を決定しています。最後に
14行目で、求める和 (3.12) の1つの項を加えています。

これは、間違った実装というわけではありませんが、実は、実行時間の観点で大き
な問題があります。この4重のループは、およそ$20 \times 20 \times 20 \times 20 = 160,000$回の繰
り返しを含んでおり、価値反復法を実施する際は、この計算をすべての状態sとアクショ
ンaについて行います。状態の数は$20 \times 20 = 4,000$通りで、アクションはおよそ10通
りありますので、トータルで$20^6 \times 10 = 640,000,000$回の繰り返しになります。そして
ここで、価値反復法の処理を思い出してください。状態価値関数の値が変化しなくな
るまで、さらにこの処理を何度も繰り返す必要があります。残念ながら、現実的な時
間で終わる処理にはならなさそうです。

これをより効率的に実装するには、「同じ計算を繰り返さずに、以前の計算結果を
再利用する」という発想が必要です。[VI1-06]で実装した関数value_iterationの内

容を思い出すと、価値反復法の場合、状態価値関数 $v_\pi(s)$ を更新するごとに、(3.12) を用いて行動 − 状態価値関数 $q_\pi(s,a)$ を再計算するという処理が走ります。そこで、(3.12) の中で $v_\pi(s)$ に依存しない部分を分離すれば、その部分は何度も計算する必要はありません。はじめにまとめて計算しておき、その結果を保存して再利用することができます。この分離は、次のように行うことができます。

$$
\begin{aligned}
q_\pi(s,a) &= \sum_{(r,s')} p(r,s' \mid s,a)\{r + \gamma v_\pi(s')\} \\
&= \sum_{(r,s')} p(r,s' \mid s,a)r + \gamma \sum_{s'} \left\{ \sum_{r} p(r,s' \mid s,a) \right\} v_\pi(s') \\
&= R(s,a) + \gamma \sum_{s'} P(s,a,s') v_\pi(s')
\end{aligned}
\tag{3.13}
$$

ここに、$R(s,a)$ と $P(s,a,s')$ は、次のように定義されます。

$$
R(s,a) = \sum_{(r,s')} p(r,s' \mid s,a)r
\tag{3.14}
$$

$$
P(s,a,s') = \sum_{r} p(r,s' \mid s,a)
\tag{3.15}
$$

(3.15) で報酬 r についての和を取る時は、(s,a,s') が決まっている点に注意してください。ここでは、$s \xrightarrow{a} s'$ の状態遷移において、発生し得るすべての報酬 r についての和を取ります。上記の $R(s,a)$ と $P(s,a,s')$ は、事前に計算しておくことができます。その結果を用いれば、(3.13) で $q_\pi(s,a)$ を計算する時は、s' についての和を取るだけですむので、圧倒的に計算量を減らすことができます。

それでは、以上の方針に基づいて、この問題を解くコードを実装してみましょう。ここからは、フォルダー「Chapter03」にある、次のノートブックに沿って解説を進めます。

- 05_Car_Rental_Problem.ipynb

はじめに、必要なモジュールをインポートします。

[CRP-01]

```
1: import numpy as np
2: import matplotlib.pyplot as plt
3: import seaborn as sns
4: import matplotlib
5: from scipy.stats import poisson
6: matplotlib.rcParams['font.size'] = 12
```

5行目でインポートしているモジュールpoissonは、ポアソン分布に従う確率の値$P_\lambda(x)$を取得するために使用します。続いて、この問題を解くためのエージェントとなるCarRentalクラスを定義します。

[CRP-02]

```
 1: class CarRental:
 2:   def __init__(self, size=20,
 3:                 fst_rent_mean=3, snd_rent_mean=4,
 4:                 fst_ret_mean=3, snd_ret_mean=2):
 5:     self.size = size
 6:     self.fst_rent_mean = fst_rent_mean
 7:     self.snd_rent_mean = snd_rent_mean
 8:     self.fst_ret_mean = fst_ret_mean
 9:     self.snd_ret_mean = snd_ret_mean
10:     self.states = [(fst, snd) for fst in range(size+1) for snd in range(size+1)]
11:
12:     self.value = {}
13:     for s in self.states:
14:       self.value[s] = 0
15:
16:     self.policy = {}
17:     for s in self.states:
18:       self.policy[s] = 0
19:
20:     self.precalc_r = {}
21:     self.precalc_p = {}
```

2行目から始まる初期化関数（コンストラクタ）では、オプションとして、駐車場のサイズ（size）、店舗1と店舗2で貸し出される台数の期待値（fst_rent_meanとsnd_rent_mean）、店舗1と店舗2に返却される台数の期待値（fst_ret_meanとsnd_ret_mean）が指定できます。デフォルト値は、先ほどの問題設定にあわせてあります。5～9行目では、これらの値をインスタンス変数に格納します。次の10行目では、す

べての状態 s をリスト形式のインスタンス変数 states に格納します。今回の場合、それぞれの駐車場に残った台数の組を示すタプル (fst, snd) が状態にあたります。

12〜14行目では、状態価値関数を表すディクショナリー型のインスタンス変数 value を定義して、すべての値を0に初期化します。16〜18行目では、同じく、行動ポリシーを表すインスタンス変数 policy を定義して、すべての値を0に初期化しています。今回の場合は、Greedy ポリシー $a = \hat{\pi}(s)$ が前提なので、状態 s をキーとするディクショナリーで、店舗1から店舗2に移動する台数 a が対応するバリューとして得られます。最後に、20〜21行目で定義しているディクショナリー型のインスタンス変数 precalc_r と precalc_p は、(3.14) と (3.15) で定義した $R(s,a)$ と $P(s,a,s')$ にあたります。これらの値は、この後に事前の計算処理を行います。

この次の [CRP-03] では、得られた結果 (状態価値関数と行動ポリシー) をヒートマップで可視化する関数 show_result を定義しています。この部分は、通常のグラフ描画処理ですので、説明は割愛します。

続いて、もう1つ補助的な関数を定義します。P.147のコラム「ポアソン分布による確率の計算」で説明した方法で、確率値の計算を行う関数 poisson_pmf です。

[CRP-04]

```
 1: def memoize(f):
 2:    cache = {}
 3:    def helper(*args):
 4:      if args not in cache:
 5:        cache[args] = f(*args)
 6:      return cache[args]
 7:    return helper
 8:
 9: @memoize
10: def _poisson_pmf(n, mean):
11:    return poisson.pmf(n, mean)
12:
13: @memoize
14: def poisson_pmf(n, n_max, mean):
15:    if n > n_max:
16:      return 0
17:    if n == n_max:
18:      return 1-sum([_poisson_pmf(n, mean) for n in range(n_max)])
19:    return _poisson_pmf(n, mean)
```

いくつかの関数に分かれていますが、外部から呼び出す際は3つ目の関数poisson_pmfを用います。nの値（オプションn）に加えて、最大値N（オプションn_max）、および、期待値λ（オプションmean）を与えると、次の計算結果が返ります。

$$P(n) = P_\lambda(n) \ \ (n = 0, \cdots, N-1)$$
$$P(N) = 1 - \sum_{n=0}^{N-1} P_\lambda(n)$$
$$P(n) = 0 \ \ (n > N)$$

基本的には、これらの場合分けを直接的に実装しており、ポアソン分布に従う確率$P_\lambda(n)$そのものの値は、関数_poisson_pmfで取得しています。11行目のpoisson.pmfは事前にインポートしたモジュールpoissonが提供する関数で、(3.11) の計算を高速に行います。ここで気になるのが、最初の関数memoizeの役割ですが、これは「メモ化」と呼ばれる、数値計算を行う関数の実行速度を上げるためのテクニックです。定番の手法なので詳細な説明は割愛しますが、9行目と13行目にあるように、デコレーター@memoizeでこの関数を作用させると、過去の計算結果をメモリ上のキャッシュに記憶するようになります。これによって、関数を呼び出す際のオプション値が同一の場合、ふたたび同じ計算を行うのではなく、過去の結果をキャッシュから取り出して返します。

ここからがいよいよ、アルゴリズムそのもの実装になります。はじめに、(3.14) と (3.15) に従って$R(s, a)$と$P(s, a, s')$を事前に計算する関数precalcを定義します。オプションcar_rentalに、CarRentalクラスのインスタンスを与えると、計算結果をインスタンス変数precalc_r、precalc_pに格納します。

[CRP-05]

```
1: def precalc(car_rental):
2:   size = car_rental.size
3:   fst_rent_mean = car_rental.fst_rent_mean
4:   snd_rent_mean = car_rental.snd_rent_mean
5:   fst_ret_mean = car_rental.fst_ret_mean
6:   snd_ret_mean = car_rental.snd_ret_mean
7:
8:   c = 0
```

```
 9:   for s in car_rental.states:
10:     if c % size == 0:
11:       print('.', end='')
12:     c += 1
13:
14:     (_fst, _snd) = s
15:     for a in range(-min(_snd, 5), min(_fst, 5)+1):
16:       car_rental.precalc_r[(s, a)] = 0
17:       (fst, snd) = s
18:       fst -= a # Moving cars
19:       snd += a # Moving cars
20:
21:       for fst_rent in range(fst+1):
22:         # p(fst_rent)
23:         prob1 = poisson_pmf(fst_rent, fst, fst_rent_mean)
24:
25:         for snd_rent in range(snd+1):
26:           # p(fst_rent) * p(snd_rent)
27:           prob2 = prob1 * poisson_pmf(snd_rent, snd, snd_rent_mean)
28:           r = -2 * abs(a) + 10 * (fst_rent + snd_rent)
29:
30:           for fst_ret in range(size-(fst-fst_rent)+1):
31:             # p(fst_rent) * p(snd_rent) * p(fst_ret)
32:             prob3 = prob2 * poisson_pmf(fst_ret, size-(fst-fst_rent), fst_ret ⏎
    _mean)
33:
34:             for snd_ret in range(size-(snd-snd_rent)+1):
35:               # p(fst_rent) * p(snd_rent) * p(fst_ret) * p(snd_ret)
36:               prob = prob3 * poisson_pmf(snd_ret, size-(snd-snd_rent), snd_re ⏎
    t_mean)
37:               s_new = (fst - fst_rent + fst_ret, snd - snd_rent + snd_ret)
38:
39:               car_rental.precalc_r[(s, a)] += prob * r
40:
41:               if (s, a, s_new) not in car_rental.precalc_p.keys():
42:                 car_rental.precalc_p[(s, a, s_new)] = 0
43:               car_rental.precalc_p[(s, a, s_new)] += prob
44:
45:   print('\n')
```

2〜6行目は、car_reltalのインスタンス変数に格納された駐車場のサイズ（size）と貸し出し台数などの期待値（fst_rent_mean、snd_rent_mean、fst_ret_mean、snd_ret_mean）を取り出しています。その後の9行目と15行目は、すべての状態 s とすべ

てのアクションaを網羅するためのループになります。移動する台数は、駐車場に残っている台数、もしくは、5台のどちらか小さい方を超えることができないので、与えられた状態s=(_fst, _snd)に対して、aの取り得る範囲は、−min(_snd, 5)（店舗2から店舗1に移動する場合）〜min(_fst, 5)（店舗1から店舗2に移動する場合）に限定される点に注意してください。

　その後、17〜19行目で、夜間に自動車を移動した後の各店舗の台数fst、sndを求めた後に、翌日に起こり得るすべての状態を網羅するループを回しています。21行目と25行目は、店舗1と店舗2の貸し出し台数についてのループで、30行目と34行目は、店舗1と店舗2の返却台数についてのループです。これらのループの一番内側の部分となる35〜43行目で、(3.14)(3.15)の各項を計算して和を取ります。具体的には、36行目のprobが条件付き確率$p(r, s' \mid s, a)$にあたり、28行目のrが報酬を表します。37行目のs_newは次の日の営業が終わった際の各店舗の台数で、次の状態s'に対応します。これらを用いて、39行目では$R(s, a)$の1つの項、そして、43行目では$P(s, a, s')$の1つの項を加えています。

　この時、報酬rと条件付き確率$p(r, s' \mid s, a)$を計算する位置に注意してください。たとえば、報酬rは、すべてのループの内側となる38行目あたりで計算しても構いません。コードの可読性の意味では、こちらの方がわかりやすいかもしれません。しかしながら、すべてのループの内側に配置すると、同じ計算を何度も繰り返すことになります。より外側のループ、すなわち、28行目で報酬rの値は確定するので、この位置で計算しておけば、より内側のループでの無駄な再計算を避けることができます。条件付き確率$p(r, s' \mid s, a)$も同様で、これは、4種類の確率の積で計算されますが、たとえば、店舗1でfst_rent台貸し出される確率は、23行目の段階で決まります。同様にして、店舗2でsnd_rent台貸し出される確率（27行目）、店舗1でfst_ret台返却される確率（32行目）、そして、店舗2でsnd_ret台返却される確率（36行目）のそれぞれをできるだけ早い段階で計算して掛け合わせています。今回のコードでは、このような工夫による実行速度の短縮効果はそれほど大きくないかもしれませんが、さまざまアルゴリズムをできる限り効率的に実装するテクニックとして覚えておくとよいでしょう。

　これで、一番面倒な部分の実装が終わりました、この後は、価値反復法のアルゴリズムをこれまでと同様に実装するだけです。はじめに、先ほど事前計算した結果を用いて、(3.13)の関係式から行動−状態価値関数$q_\pi(s, a)$の値を計算する関数get_q_valueを定義します。

```
1: def get_q_value(car_rental, s, a, gamma=0.9):
2:   q = car_rental.precalc_r[(s, a)]
3:   for s_new in car_rental.states:
4:     q += car_rental.precalc_p[(s, a, s_new)] * gamma * car_rental.value[s_new]
5:   return q
```

　次に、現在の状態価値関数$v_\pi(s)$の値を用いて、行動ポリシーを更新する関数 policy_update を定義します。

[CRP-07]

```
1: def policy_update(car_rental, s):
2:   q_max = -10**10
3:   a_best = None
4:   (_fst, _snd) = s
5:   for a in range(-min(_snd, 5), min(_fst, 5)+1):
6:     q = get_q_value(car_rental, s, a)
7:     if q > q_max:
8:       q_max = q
9:       a_best = a
10:
11:   car_rental.policy[s] = a_best
12:
13:   return q_max
```

　以前の[VI1-05]の実装と比較すると、行動−状態価値関数$q_\pi(s,a)$を計算する部分が先ほど定義した関数 get_q_value に置き換わっている他は、本質的に同じ内容です。[VI1-05]では、行動ポリシーの確率値$\pi(a \mid s)$を与えるものとして定義していましたが、こちらでは、選択するアクションそのものである$\hat{\pi}(s)$を与えるという違いに注意してください。

　次は、価値反復法の本体となる関数 value_iteration を定義します。こちらは、以前の[VI1-06]と比較すると、変数名などの違いを除けば、まったく同じ内容です。

[CRP-08]

```
1: def value_iteration(car_rental, delta=0.1):
2:   while True:
3:     delta_max = 0
4:     print('.', end='')
5:     for s in car_rental.states:
```

```
 6:      v_new = policy_update(car_rental, s)
 7:      delta_max = max(delta_max, abs(car_rental.value[s]-v_new))
 8:      car_rental.value[s] = v_new
 9:
10:    if delta_max < delta:
11:      print('\n')
12:      break
```

これですべての定義が揃いましたので、実際の計算に入ります。まずは、CarRental
クラスのオブジェクトを生成します。

[CRP-09]
```
1: car_rental = CarRental(size=20)
```

はじめに、先ほど用意した関数precalcを実行して、事前計算の処理を行います。
実行時間を計測するために、マジックコマンド%%timeを付与します。

[CRP-10]
```
1: %%time
2: precalc(car_rental)
```
```
......................

CPU times: user 3min 43s, sys: 674 ms, total: 3min 44s
Wall time: 3min 44s
```

実行時間は、3分44秒でした。次は、関数value_iterationを用いて、価値反復法
を実行します。先ほどと同じく、マジックコマンド%%timeで実行時間を計測します。

[CRP-11]
```
1: %%time
2: value_iteration(car_rental)
```
```
..................................

CPU times: user 1min 7s, sys: 42.1 ms, total: 1min 7s
Wall time: 1min 7s
```

こちらは、1分7秒で終了しました。最後の[CRP-12]では、関数show_resultを用

いて、最終結果をヒートマップに表示します。実行結果は、**図3.16**のようになります。これらは、それぞれ、状態価値関数$v_\pi(s)$（Value）と行動ポリシー$\hat{\pi}(s)$（Policy）を表しており、縦軸は店舗1に残った台数、横軸は店舗2に残った台数を示します。

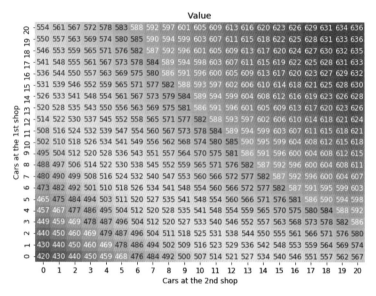

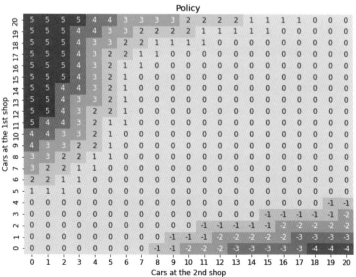

図3.16　レンタカー問題の最適解

状態価値関数については、両方の店舗に多くの自動車が残っている方が値が大きく、翌日以降に高い利益が期待できることを示しています。一方、行動ポリシーを見ると、店舗間で台数に偏りがある時は、これを補正するように移動した方がよいことがわかります。ただし、全体的に見ると、店舗1から店舗2に移動する割合の方が大きくなっています。これは、店舗2の方が貸し出し台数の期待値が大きいので、店舗2の台数を多めにした方がよいことを示しています。

このように直感的にも納得できる結果が得られましたが、今回の実装のポイントは、価値反復法の本体となる [CRP-07]、[CRP-08] の実装には、この問題に固有の要素が含まれないという点です。この問題に固有の要素は、すべて、行動−状態価値関数 $q_\pi(s, a)$ の計算に凝縮されています。特に今回は、[CRP-05] の事前計算の部分に、貸し出し台数の確率や報酬の計算などのルールがすべて含まれています。報酬の計算方法が変わるなど、新たなルールが追加された場合、基本的には、[CRP-05] の処理を書き換えればよいことになります。どれほど複雑な状態遷移のルールがあったとしても、マルコフ決定過程の枠組みでとらえれば、すべて統一的に扱えます。コード全体の構成を振り返り、この点をよく味わっておいてください。

▮ 演習問題

Q1 次の2つのノートブックでは、2次元のグリッドワールドの問題について、それぞれ、ポリシー反復法と価値反復法を適用しましたが、$\alpha = 0.5$ に設定した問題では、得られる行動ポリシーの最終結果に違いが現れました（**図3.7**、および、**図3.13**）。

- 02_Policy_Iteration_2.ipynb
- 03_Value_Iteration_1.ipynb

この違いが現れる理由は、アルゴリズムの実行中における状態価値関数の変化を調べることでわかります。上記のノートブックを修正して、（落とし穴に落ちた際に移動する）左上の位置 $(0, 0)$ における状態価値関数の値がどのように変化するかを確認し、結果の違いが現れる理由を説明してください。

Q2 次のノートブックでは、三目並べをプレイするエージェントの学習処理を実装しました。

- 04_Tic_Tac_Toe.ipynb

上記の実装において、先手のエージェントについては、ゲームに負けた際の報酬を−1から0に変更し、後手のエージェントについては、ゲームに負けた際の報酬を−1のままとします。学習後にこれらのエージェントを対戦させるとどのような結果が得られるかを確認して、さらにその理由を説明してください。

解答

A1　コード例は、フォルダー「Chapter03」にある、次のノートブックを参照してください。

- 06_Comparing_Policy_Iteration_and_Value_Iteration.ipynb

このノートブックでは、問題で与えられた2つのノートブックの内容を1つにまとめて、状態価値関数の値が変化するごとに、左上の位置の値 world.value[(0, 0)] をリスト result に追記する処理を加えてあります。最終的に、**図3.17**の結果が得られます。

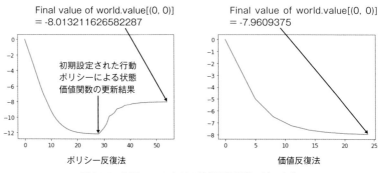

図3.17　位置 (0, 0) における状態価値関数の値の変化

まず、ポリシー反復法の場合、現在の行動ポリシーに対する状態価値関数の値を（ベルマン方程式を用いた更新を繰り返して）変化がなくなるまで計算し終えた後に、行動ポリシーを更新して、あらためて状態価値関数の計算を始め

るということを繰り返します。**図3.17**（左）の結果を見ると、左上の位置にお
ける状態価値関数の値は、一度−12程度まで下がった後に、次は上昇を始めて
います。これは、最初に設定した行動ポリシーに対する状態価値関数の値が、
たまたま−12程度だったものと考えられます。言い換えると、行動ポリシーを
どのように初期設定するかによって、この部分の変化の様子は変わることにな
ります。そして、最終的な状態価値関数の値は、−8.01⋯となっています。本
来の値は−8.0ですが、値の変化が$\delta = 0.01$未満になったところで計算を打ち切っ
ているので、−8.0よりも少しだけ小さい値になっています。

　一方、価値反復法の場合は、状態価値関数の更新と行動ポリシーの更新を並
列に行うため、**図3.17**（右）にあるように、状態価値関数の値は初期値の0か
ら単調に減少していき、最終的に−8.0よりも少しだけ大きい−7.96⋯という
値になっています。

　そして、これらの値の違いが最終的な行動ポリシーの違いに現れます。左上
の位置の状態価値関数の値が厳密に−8.0であれば、**図3.13**の吹き出しで示し
た2箇所では、直接ゴールを目指す経路と落とし穴に落ちる経路で、その後の
総報酬の期待値は同じになります。しかしながら、ポリシー反復法では−8.0
よりわずかに小さい値となるため、直接ゴールを目指す経路の方が有利と判定
されて、一方、価値反復法では−8.0よりわずかに大きい値となるため、落と
し穴に落ちる方が有利と判定されます。

　このように、理論的には同じ結果が得られる場合でも、コンピューターを用
いた数値計算処理においては、アルゴリズムの性質、変数の初期値、そして、
近似的に計算を打ち切るタイミングなどによって、結果が変わることがありま
す。この例では、厳密な意味ではどちらも正しい（どちらも最善の行動ポリシー
になっている）結果となりますが、問題によっては、不正確な結果になること
もあり得ます。アルゴリズムの実装においては、アルゴリズムの性質や数値計
算の精度にも気を配る必要があることを覚えておくとよいでしょう。

A2　　ゲームに負けた際の報酬は、P.139[TTT-05]（パート3/3）の71〜72行目で設
定されています。この部分を次のように修正して、先手のエージェントのみ、ゲー
ムに負けた際の報酬を0に変更します。

```
71:     if self.is_lost(after_state):
72:         if self.player == 1:
```

```
73:        return 0, after_state
74:    else:
75:        return -1, after_state
```

　この後、ノートブック全体を実行して、[TTT-11] で行われる先手と後手の
対戦結果を確認します。実行ごとに結果は変わりますが、ほとんどの場合にお
いて、次の例のように後手が勝ちます。

StateInfo.WIN2

　三目並べは両者が最善手を打つと必ず引き分けになるため、一般には、勝つ
ことだけを目指してもうまくいきません。負けずに引き分けに持ち込むことも
考える必要があります。しかしながら、今回の場合、先手のエージェントには
引き分けと負けで同じ報酬が与えられたため、負けることを避けるよりも（相
手のミスにより）自分が勝てる可能性がある手を優先するように学習が行われ
たものと考えられます。

サンプリングデータを
用いた学習法

モンテカルロ法

第2章では、ベルマン方程式を用いた動的計画法により、与えられた行動ポリシーπに対する状態価値関数$v_\pi(s)$を厳密に求める方法を説明しました。そして、続く第3章では、得られた状態価値関数の値を用いて行動ポリシーを改善する手法を説明した上で、他のすべての行動ポリシーよりも優れた、最善の行動ポリシーπ_*を発見するアルゴリズム（ポリシー反復法と価値反復法）を紹介しました。これらの根本となる動的計画法を適用する際は、与えられた環境をマルコフ決定過程としてとらえて、状態遷移を表す条件付き確率$p(r, s' \mid s, a)$を定義する必要がありました。つまり、すべての(s, a, r, s')の組について、$p(r, s' \mid s, a)$の値が計算できる必要があります。このような、環境を表すマルコフ決定過程のことを「環境モデル」とも言います。

一方、現実の問題の中では、$p(r, s' \mid s, a)$の値を事前に知ることが難しい場合もあります。たとえば、自動車の自動運転エージェントを学習させる場合、現実世界に登場する人や車の行動をすべて把握して、マルコフ決定過程として定義するというのは、現実的ではありません。人や車の動きをシミュレーションするソフトウェアを用意して、コンピューター上に擬似的な学習環境を用意することは可能ですが、その場合でも、ある状況sでアクションaを取ったとして、次に起こり得る事象すべてについて、個別に確率を計算するというのは簡単ではありません。

このような際に利用できる学習方法の1つが、本節で扱う「モンテカルロ法」です。これは、理論的な確率値$p(r, s' \mid s, a)$に頼るのではなく、実際の環境、もしくは、コンピューター上のシミュレーターを用いて、アクションに対して得られる結果の情報を集めていき、これらをもとに学習を行うというものです。あくまで、断片的なデータから学習する手法ですので、動的計画法のように厳密解が得られるわけではありません。実際にどの程度有用な学習が可能で、どのような課題があるのかをいくつかの具体例を通して学びます。

4.1.1 シミュレーションによるデータ収集

はじめに、シミュレーションによるデータ収集の有用性を知るために、強化学習とは別の一般的な確率統計学の問題を扱います。ここでは、「モンティ・ホール問題」

と呼ばれる、次の問題をアレンジしたものを利用します。

問題

プレイヤーの前に3個のドアがあって、1つのドアの後ろには景品の新車が、残りのドアの後ろにはヤギ（はずれを意味する）がいる。プレイヤーは新車のドアを当てると新車がもらえる。プレイヤーがドア1を選択したところ、司会者のモンティはドア3を開けてヤギを見せた。

ここでプレイヤーは、ドア2に選択を変更してもよいと言われる。プレイヤーはドアを変更すべきだろうか？

これがオリジナルのモンティ・ホール問題ですが、このままではいくつかの条件が曖昧なため、厳密なシミュレーションを行うことができません。そこで、ここでは、モンティの行動は次の条件に従うものと決めておきます。

- プレイヤーがヤギを選んだ場合、モンティは残りのヤギのドアを開ける
- プレイヤーが新車を選んだ場合、モンティはどちらかのヤギのドアを$\frac{1}{2}$の確率で選んで開ける

この条件があれば、この問題の状況を簡単なプログラムでシミュレーションできます。当たりの自動車を配置する場所を乱数で決めておき、プレイヤーがドアを変更した場合と、しなかった場合、それぞれで結果がどのように変わるかを確認するわけです。乱数を用いたシミュレーションですので、実行ごとに結果が変わりますが、何度も繰り返した際の平均値を見れば、ドアを変更した方が有利かどうかを判定することができます。

ちなみにこの問題は、確率統計学の理論を用いて厳密に計算することもできます。結論としては、ドアを変更しない場合に当たる確率は$\frac{1}{3}$で、変更した場合に当たる確率は$\frac{2}{3}$となり、ドアを変更した方が得策と言えます。しかしながら、この問題が出題された当時はこの結果に納得できない人々も多く、大きな議論を巻き起こしました。最終的には、コンピューターを用いたシミュレーションにより、ドアを変更した方が確かに有利であることが確認されて論争の決着がついたということです[注1]。つまり、たとえ理論的な計算が可能な場合でも、その内容が複雑で直感的にとらえるのが難し

注1　この論争の要因の1つには、モンティの行動条件が明確に示されていなかった点が挙げられます。仮に、プレイヤーが当たりを選んだ場合だけモンティはドアを開けるというのであれば、当然ながら選択を変更しない方が得策です。シミュレーションを行うことには、このような暗黙の条件を明確化するという効果もあります。

い場合、実際の現象をシミュレーションしてみるというのは理解を深めるために有効な手段になるということです。

ここでは、ドアの数を3, 4, 5, …と増やした場合に結果がどう変わるかを含めて、Pythonのコードで上記の問題のシミュレーションを行ってみます。ここからは、フォルダー「Chapter04」にある、次のノートブックに沿って解説を進めます。

● 01_Monty_Hall_Problem.ipynb

はじめに、必要なモジュールをインポートします。

[MHP-01]

```
1: import numpy as np
2: from pandas import DataFrame
3: import matplotlib
4: matplotlib.rcParams['font.size'] = 12
```

続いて、ゲームの内容をシミュレーションするためのMontyHallクラスを定義します。

[MHP-02]

```
1: class MontyHall:
2:   def __init__(self, doors=3, hints=1):
3:     self.doors = doors
4:     self.hints = hints
5:
6:   def play(self, change):
7:     prize = np.random.randint(self.doors)
8:     choice = 0
9:     selectable = [True] * self.doors
10:    selectable[choice] = False
11:    selectable[prize] = False
12:
13:    # Open some unselected doors
14:    selectable_to_open = [n for n in range(self.doors) if selectable[n]]
15:    for c in np.random.choice(selectable_to_open, self.hints, replace=False):
16:      selectable[c] = False
17:
18:    if change:  # Change the choice
19:      if choice != prize:
20:        selectable[prize] = True
```

```
21:         selectable_to_choose = [c for c in range(self.doors) if selectable[c]]
22:         choice = np.random.choice(selectable_to_choose, 1, replace=False)[0]
23:
24:     if choice == prize:
25:         return 1    # Win
26:     else:
27:         return 0    # Lose
```

2～4行目の初期化関数（コンストラクタ）では、ゲームに使用するドアの数（オプション doors）とモンティが開けるドアの数（オプション hints）が指定できるようになっています。デフォルト値（doors=3, hints=1）は、オリジナルの問題にあわせてあります。

6～27行目の play メソッドは、このゲームのシミュレーションを1回だけ行って、その結果（当たりの場合は1、はずれの場合は0）を返します。オプション change には、モンティがドアを開けた後に、選択を変更するかどうかをブール値で指定します。7～8行目は、当たりのドア（prize）とプレイヤーが選択したドア（choice）を設定しています。最初に選択するドアは0に固定しています[注2]。9～11行目で設定しているリスト selectable は、この後、モンティが開くドアの対象となるものを識別するために使います。プレイヤーが選択したドアと当たりのドアは、選択の対象外となります。

その直後の14～16行目では、その中から hints で指定された数だけ、モンティが開けるドアをランダムに選びます。ここでは、この後でプレイヤーが選択を変える際に、選択対象となるドアを識別するために先ほどのリスト selectable を流用しており、モンティが開けたドアは、選択対象外としています。

そして、18～22行目では、オプション change が True の場合に、プレイヤーが選択するドアを変更します。最初に選択したドアが当たりでない場合は当たりのドアも対象に含めた上で（19～20行目）、対象となるドアの中からどれか1つをランダムに選びます。最後に当たりかどうかを判定して、結果を返します（24～27行目）。

次に、この play メソッドを用いたシミュレーションを繰り返し行って、平均的な「当たり」の割合を求める関数 trials を用意します。

注2　コードの実装上、1番目のドアは0で表されます。

167

```
[MHP-03]
1: def trials(monty_hall, change, num=10000):
2:   results = []
3:   for _ in range(num):
4:     results.append(monty_hall.play(change=change))
5:   return sum(results) / num
```

オプション monty_hall には、MontyHall クラスのインスタンスを渡します。オプション change はドアの選択を変えるかどうかの指定で、オプション num にはシミュレーションを実行する回数を指定します。デフォルト値は、10,000回です。このコードでは、指定回数分の実行結果をリスト results に保存して（3〜4行目）、最後に平均値を計算して返します（5行目）。

　これで必要な準備が整いました。この後は、実際にシミュレーションを実行して結果を確認します。はじめに、MontyHall クラスのインスタンスを生成します。ここでは、ドアは3つでモンティが1つを開けるという、デフォルトの設定を用います。

[MHP-04]
```
1: monty_hall = MontyHall()
```

　ドアを変更しない場合に「当たり」となる割合を10,000回のシミュレーションで求めます。

[MHP-05]
```
1: trials(monty_hall, change=False)
```
```
0.336
```

　ドアは3つですので、理論的には、当たる確率は $\frac{1}{3} = 0.33\cdots$ となります。理論値に近い値が得られたことがわかります。次に、ドアを変更する場合について、「当たり」となる割合を求めます。

[MHP-06]
```
1: trials(monty_hall, change=True)
```
```
0.6683
```

先に説明したように、理論的には $\frac{2}{3} = 0.66\cdots$ となるはずですが、こちらも理論値に近い値が得られました。これらの結果から、確かにドアを変更した方が当たる確率が高くなることがわかります。

それでは、ドアの数を増やした場合はどうなるでしょうか？　ここでは、n 個のドアに対して、プレイヤーが1番目のドアを選択した後に、モンティは、残りの $n-1$ 個のドアのうち、$n-2$ 個のドアを開けてヤギを見せるものとします。つまり、プレイヤーは、残り1つのドアに選択を変更するかどうかを判断する必要があります。次のコードは、$n = 3, 4, \cdots, 9$ についてのシミュレーションを行い、結果をグラフに表示します。

[MHP-07]

```
 1: doors_range = range(3, 10)
 2: results1, results2 = [], []
 3: for doors in doors_range:
 4:   monty_hall = MontyHall(doors=doors, hints=doors-2)
 5:   results1.append(trials(monty_hall, change=False))
 6:   results2.append(trials(monty_hall, change=True))
 7:
 8: ax = DataFrame({'change=False': results1,
 9:                 'change=True': results2}).plot()
10: _ = ax.set_xticklabels(doors_range)
```

このコードの実行結果は、**図4.1**になります。縦軸は、「当たり」が得られた割合を表します。この結果を見ると、ドアを変更した場合（change=True）の方が変更しない場合（change=False）よりも、常に当たる確率は高くなっており、ドアの数が増えるほど、その差が大きくなることがわかります。実は、これは直感的にも明らかなことです。たとえば、ドアが100個あった場合、最初に選んだドアが当たりの確率は、$\frac{1}{100}$ しかありません。ということは、モンティが開けずに残した最後のドアに当たりがある確率はもっと高くなるはずです。「最後のドアに当たりがある確率」＝「最初のドアがはずれである確率」ですので、これは $\frac{99}{100}$ ということになります。

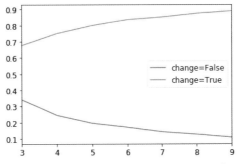

図4.1　ドアの数を変更した場合のシミュレーション結果

　同じ議論を $n=3$ の場合に当てはめると、ドアを変更した場合に当たりとなる確率が $\frac{2}{3}$ というのも容易に納得できるでしょう。しかしながら、このような理論的な考察を用いなくとも、ゲームのルールさえわかっていれば、実際にデータを集めて結果を検証できるという点がシミュレーションの利点となります。次項では、この考え方を強化学習に応用して、シミュレーションで得られたデータから状態価値関数 $v_\pi(s)$ を推定する手法を説明します。

4.1.2　サンプリングによる状態価値関数の評価

　ここでは、確率的な状態遷移を伴うマルコフ決定過程に対して、前項と同様にサンプリングでデータを収集するコードを実装します。と言っても、特に難しいものではありません。次のような簡単なゲームです。

　プレイヤーは、1～99の範囲のポイントを持っており、手持ちの中から任意のポイントを賭けることができます。すると、40％の確率で賭けに成功して、賭けたポイントが2倍になって戻り、60％の確率で失敗して、賭けたポイントが没収されます。これは、現在の手持ちのポイントを状態 s、賭けるポイント数をアクション a としたマルコフ決定過程になります。手持ちのポイントを100ポイント以上にすることがゲームの目標で、手持ちのポイントが0になって破産するとそこでゲームが終了します。そこで、100ポイント以上を達成すると +1、0ポイントになると −1 の報酬を与えることにします。マルコフ決定過程の観点では、手持ちのポイントが100以上、もしくは、0の状態が終了状態となります。

　この問題にシミュレーションを適用する最終的な目標は、最善の行動ポリシー π_*、

すなわち、手持ちのポイント $s = 1 \sim 99$ のそれぞれに対して、賭けるべきポイント数のベストな値 $\hat{\pi}_*(s)$ を決定することです。ただし、この方法は次項で説明することにして、ここではまず、行動ポリシー π を1つ固定して、対応する状態価値関数 $v_\pi(s)$ を決定することを考えます。

たとえば、特定のポイント数 s からスタートして、特定の行動ポリシー π に従って、手持ちのポイントが0か100以上になるまで、すなわち、-1、もしくは、$+1$ の報酬が得られるまでゲームを続けます。これを何度も繰り返して、得られた結果の平均値を取れば、状態価値関数 $v_\pi(s)$ の推定値とすることができます。

また、1回のエピソードで得られたデータは、途中経過に含まれるすべての状態 s に対する推定にも利用できます。たとえば、ポイント数 S_0 からスタートして、次のような状態遷移をたどったとします。

$$S_0 \underset{A_0}{\longrightarrow} (0, S_1) \underset{A_1}{\longrightarrow} (0, S_2) \underset{A_2}{\longrightarrow} \cdots \underset{A_N}{\longrightarrow} (+1, 100)$$

この例では、最終的に100ポイントに到達して $+1$ の報酬を獲得していますが、これは、S_0 からスタートした結果であると同時に、その後に続く S_1 からスタートした結果、もしくは、S_2 からスタートとした結果と見ることもできます。つまり、このエピソードは、途中経過に含まれるすべての状態 s に対して、$+1$ の報酬が得られたサンプルとして利用することができます。

それでは、このテクニックを利用して、実際に状態価値関数 $v_\pi(s)$ を推定するコードを用意してみましょう。ここからは、フォルダー「Chapter04」にある、次のノートブックに沿って説明を進めます。

- 02_Gambler's_Problem_Value_Estimation.ipynb

はじめに、必要なモジュールをインポートします。

[GVE-01]
```
1: import numpy as np
2: import matplotlib.pyplot as plt
3: import matplotlib
4: matplotlib.rcParams['font.size'] = 12
```

続いて、ゲームのシミュレーションを行うためのGamblerクラスを定義します。

[GVE-02]

```
 1: class Gambler:
 2:   def __init__(self, goal=100, win_rate=0.4):
 3:     self.goal = goal
 4:     self.win_rate = win_rate
 5:     self.states = range(goal+1)
 6:
 7:     self.policy = {}   # Define later
 8:
 9:     self.values = {}
10:     self.cnt = {}
11:     for s in self.states:
12:       self.values[s] = 0
13:       self.cnt[s] = 0
14:
15:   def play(self, s, a):
16:     if s == 0 or s == self.goal:
17:       return 0, s          # Reward, Next state
18:
19:     if np.random.random() < self.win_rate:  # Win
20:       s = min(self.goal, s + a)
21:       if s == self.goal:
22:         return 1, s    # Reward, Next state
23:       return 0, s        # Reward, Next state
24:     else:                                    # Lose
25:       s -= a
26:       if s == 0:
27:         return -1, s  # Reward, Next state
28:       return 0, s     # Reward, Next state
```

2〜13行目の初期化関数（コンストラクタ）では、ゴールとなるポイント数と、ポイントが2倍になって戻る確率が、それぞれ、オプションgoal、および、win_rateで指定できます。デフォルト値（goal=100, win_rate=0.4）は、先ほど説明した内容にあわせてあります。5行目で定義しているリスト形式のインスタンス変数statesには、取り得るすべての状態として、0からgoalまでの値、すなわち、プレイヤーの手持ちのポイント数を格納しています。

7行目のディクショナリー型のインスタンス変数policyには、行動ポリシーを設定します。Greedyポリシーを前提にしており、手持ちのポイントがsの時に賭けるポ

イントをpolicy[s]に格納します。ここでは、インスタンスを生成後、個別に行動ポリシーを設定することを想定しています。

9行目のディクショナリー型のインスタンス変数valuesには、シミュレーションで得られたサンプルから推定した状態価値関数を保存します。具体的には、状態sから出発した際に得られる報酬の平均値をvalues[s]に格納します。この際、「1.3.2　平均値計算の効率化」で説明した(1.1)の公式で逐次計算を行うために、状態sに対するこれまでのデータ数を10行目のインスタンス変数cntにcnt[s]として保存します。11〜13行目ではこれらの値を0に初期化しています。

15〜28行目のplayメソッドは、このゲームにおける状態遷移、すなわち、手持ちのポイントを賭けて、その結果を得るという処理を1回だけ行います。オプションsに現在の手持ちのポイント、オプションaに賭けるポイント数を与えます。16〜17行目は手持ちのポイントが0またはgoalで、すでにゲームが終了している場合の処理です。報酬は0で、次の状態として、今と同じ状態sを返します。

19〜23行目は、賭けに成功してポイントが2倍になって戻る場合の処理です。関数np.random.randomで発生した0〜1の範囲の浮動小数点数がインスタンス変数win_rateより小さければ、賭けに成功したものとしています。この場合、手持ちのポイントには賭けたポイントが加えられますが、その結果がgoalを超えた場合は、終了状態を表すという意味で、手持ちのポイントは一律にgoalに設定しています(20行目)。また、この場合は報酬+1を返し(22行目)、それ以外の場合は報酬0を返します(23行目)。24〜28行目は、賭けに失敗した場合の処理です。この場合は、手持ちのポイントから賭けたポイントが減らされます(25行目)。ポイントが0になった場合は報酬−1を返し(27行目)、それ以外の場合は報酬0を返します(28行目)。

次は、行動ポリシーと状態価値関数をグラフに描いて可視化する関数show_resultを定義します。この部分は、通常のグラフ描画処理ですので、説明は割愛します。

[GVE-03]
```
1: def show_result(gambler):
2:     fig = plt.figure(figsize=(14, 4))
3:     linex = range(1, gambler.goal)
4:
5:     subplot = fig.add_subplot(1, 2, 1)
6:     liney = [gambler.policy[s] for s in linex]
7:     subplot.plot(linex, liney)
```

```
8:    subplot.set_title('Policy')
9:
10:    subplot = fig.add_subplot(1, 2, 2)
11:    liney = [gambler.values[s] for s in linex]
12:    subplot.plot(linex, liney)
13:    subplot.set_title('Value')
```

　続いて、シミュレーションにより、1回分のエピソードを取得する関数get_episodeを定義します。

[GVE-04]
```
1: def get_episode(gambler):
2:    episode = []
3:    s = np.random.randint(1, gambler.goal)
4:    while True:
5:      a = gambler.policy[s]
6:      r, s_new = gambler.play(s, a)
7:      episode.append((s, a, r))
8:      if s_new == 0 or s_new == gambler.goal:
9:        break
10:      s = s_new
11:    return episode
```

　この関数では、ランダムに選択した初期状態から、終了状態に至るまでゲームを続けて、その途中の状態変化を記録したリストを返却します。オプションgamblerには、Gamblerクラスのインスタンスを渡します。

　3行目で初期状態、すなわち、手持ちのポイントを乱数で決定した後に、4〜10行目のループでゲームを続けます。具体的には、行動ポリシーpolicyを参照して賭けるポイント数を決定した後に(5行目)、先に定義したplayメソッドを用いて、報酬rと次の状態s_newを取得します(6行目)。その後、現在の状態s、行動ポリシーa、報酬rの3つの情報をまとめたタプル(s, a, r)をリストepisodeに追加します(7行目)。新しい状態が終了状態の場合は、ループを抜けて(8〜9行目)、リストepisodeを返却します(11行目)。

　なお、すべての状態sに対して状態価値関数の値$v_\pi(s)$を平等に見積もるには、それぞれの状態について同数のサンプルを取得するのが好ましいと言えますが、ここでは単純に乱数で初期状態sを選択しています。シミュレーションの回数を増やすことで、

それぞれの状態について、十分な数のサンプルが得られるという想定です。

最後に、シミュレーションによるエピソードの取得を繰り返しながら、エピソードに含まれるデータを用いて状態価値関数の値を推定する関数trainを定義します。

[GVE-05]

```
 1: def train(gambler, num):
 2:   c = 0
 3:   while c < num:
 4:     episode = get_episode(gambler)
 5:     episode.reverse()
 6:     total_r = 0
 7:     for (s, a, r) in episode:
 8:       total_r += r
 9:       gambler.cnt[s] += 1
10:       gambler.values[s] += (total_r - gambler.values[s]) / gambler.cnt[s]
11:     c += len(episode)
```

オプションgamblerには、Gamblerクラスのインスタンスを渡し、オプションnumには取得するデータの総数を指定します。この数は、エピソードの回数ではなく、エピソードに含まれる3つ組データ(s, a, r)の総数である点に注意してください。先に説明したように、1つのエピソードは、そこに含まれるすべての状態sについて、状態価値関数$v_\pi(s)$を推定するためのサンプルとして利用できます。この意味で、サンプルの総数がnumを超えるまでシミュレーションを続けるという指定になります。3～11行目のループでこの処理を実装しています。

まず4行目で、先ほど定義した関数get_episodeを用いて、1回分のエピソードのデータを取得します。その後、ここに含まれるデータを後ろから順に処理をするため、5行目でリストepisodeに含まれる要素の順序を反転しています。これは、終了状態に至るまでの総報酬を効率的に計算するためです。今回の場合、6行目で0に初期化した変数total_rが総報酬を表しており、7～10行目のループでそれぞれのデータを処理する際に、各ステップで得られた報酬rを加えていくことで、終了状態に至るまでの総報酬が順番に計算されていきます。たとえば、S_4を終了状態とする次のエピソードが得られたとします。

$$S_0 \xrightarrow[A_0]{} (R_1, S_1) \xrightarrow[A_1]{} (R_2, S_2) \xrightarrow[A_2]{} (R_3, S_3) \xrightarrow[A_3]{} (R_4, S_4)$$

この場合、3つ組データ (s, a, r) を含むリスト episode は次の内容になります。

$$[(S_0, A_0, R_1), (S_1, A_1, R_2), (S_2, A_2, R_3), (S_3, A_3, R_4)]$$

この順序を反転した後に、前から順に処理をすると、最初のデータ (S_3, A_3, R_4) については、状態 S_3 からスタートした場合の総報酬が total_r $= R_4$ と計算されます。次のデータ (S_2, A_2, R_3) については、total_r $= R_4$ に R_3 を加えることで、状態 S_2 からスタートした場合の総報酬が total_r $= R_4 + R_3$ と計算されます。これ以降のデータについても同様です。今回のゲームではエピソードに含まれるすべての状態について総報酬の値は同一になるので、他の実装方法も考えられますが、一般には、このように後ろからデータを処理する方が自然でしょう[注3]。9～10行目で、(1.1) の公式による逐次計算を用いて、これまでに得られた総報酬の平均値を計算しています。

　これで必要な準備が整いました。いくつかの典型的な行動ポリシーに対して、対応する状態価値関数を計算してみましょう。はじめに、手持ちのポイントにかかわらず、常に1ポイントだけ賭けるという行動ポリシーを試してみます。

[GVE-06]

```
1: gambler = Gambler()
2: for s in gambler.states:
3:   gambler.policy[s] = 1
```

　ここでは、Gambler クラスのインスタンスを生成した上で、インスタンス変数 policy に前述の行動ポリシーを設定しています。3行目にあるように、すべての状態 s に対して、賭けるポイントを1に設定しています。この後は、関数 train を用いて、シミュレーションによる状態価値関数の見積もりを実行します。

[GVE-07]

```
1: %%time
2: train(gambler, num=10000000)
```

```
CPU times: user 14.3 s, sys: 7 ms, total: 14.4 s
Wall time: 14.5 s
```

注3　特にこの方法は、「4.1.4　オフポリシーでのデータ収集」で説明する、オフポリシーでのデータ収集の際に重要になります。

ここでは、取得するデータ数として10,000,000を指定しています。マジックコマンド%%timeで計測した実行時間は約15秒です。関数show_resultを用いて結果を確認します。

[GVE-08]

```
1: show_result(gambler)
```

　この実行結果は、**図4.2**になります。左側のグラフが行動ポリシーで、手持ちのポイント（横軸）にかかわらず、賭けるポイントが常に1になっています。右側のグラフが状態価値関数ですが、手持ちのポイント（横軸）が80未満の部分は、ほぼ−1.0になっています。状態価値関数の値が厳密に−1.0の場合、これは、手持ちのポイントが確実に0になることを意味します。もともと60%の確率で掛け金を没収されるわけですので、手持ちのポイント数がある程度多くなければ、1ポイントずつ賭けても100ポイントに到達する可能性はかなり低いというわけです。

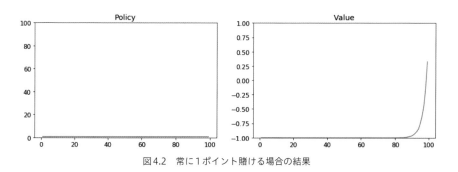

図4.2　常に1ポイント賭ける場合の結果

　そこで次は、常に手持ちのポイントをすべて賭ける場合を試してみます。

[GVE-09]

```
1: gambler = Gambler()
2: for s in gambler.states:
3:   gambler.policy[s] = s
```

　3行目にあるように、すべての状態sに対して、賭けるポイントを同じ値sに設定しています。この後は、関数trainを用いて、シミュレーションによる状態価値関数の見積もりを実行します。

```
1: %%time
2: train(gambler, num=10000000)
```

```
CPU times: user 1min 17s, sys: 8 ms, total: 1min 17s
Wall time: 1min 17s
```

　先ほどと同じく、マジックコマンド%%timeで実行時間を計測しており、今回は約1分かかりました。関数show_resultを用いて結果を確認します。

[GVE-11]

```
1: show_result(gambler)
```

　この結果は、**図4.3**になります。右側の状態価値関数のグラフが階段状になっていますが、この理由を説明できるでしょうか？　たとえば、手持ちのポイントが50以上ある場合、結果は2つしかありません。40%の確率で賭けに成功してゴールを達成する（+1の報酬を得る）か、60%の確率で失敗して破産する（−1の報酬を得る）かのどちらかです。したがって、総報酬の期待値は、一律に$0.4 \times 1 + 0.6 \times (-1) = -0.2$と決まります。同様に、手持ちのポイントが25〜49の場合は、2回連続して賭けに成功すれば+1の報酬が得られます。それ以外の場合、つまり、一度でも賭けに失敗した場合は、その時点で破産して−1の報酬が得られます。したがって、この範囲においても総報酬の期待値は一律に同じ値になります。同様の考察を続けると、手持ちのポイントが一定の区間ごとに総報酬の期待値、すなわち、状態価値関数の値は同一になることが理解できます。

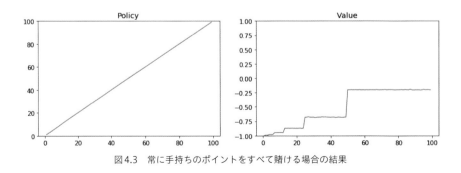

図4.3　常に手持ちのポイントをすべて賭ける場合の結果

しかしながら、手持ちのポイントを100にするというゴールを考えると、この行動ポリシーには改善の余地があります。たとえば、手持ちのポイントが90の場合、10ポイント賭ければ十分で、そうすれば、賭けに失敗してもその場で破産するという状況を避けることができます。そこで、手持ちのポイントが1〜50の場合はすべてのポイントを賭けて、51〜99の場合は、100に到達するのに必要最小限のポイント、すなわち「100 – 手持ちのポイント」を賭けるように修正してみます。

[GVE-12]

```
1: gambler = Gambler()
2: for s in gambler.states:
3:   gambler.policy[s] = min(s, gambler.goal-s)
```

3行目の関数minは値が小さい方を選択するものですが、これにより、前述の場合分けが行われます。この後は、これまでと同様に、関数trainを実行して、関数show_resultで結果を確認します。この部分のコード（[GVE-13]、[GVE-14]）はこれまでと同様なので、説明は割愛します。関数trainの実行には1分程度かかります。実行結果は、**図4.4**になります。

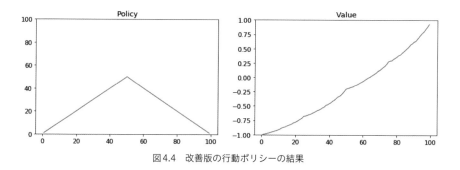

図4.4　改善版の行動ポリシーの結果

これまでに得られた3つの結果を比較すると、この最後の結果が最も優れた行動ポリシーになっています。実際、それぞれの状態価値関数のグラフを1つにまとめると、**図4.5**になります。すべての状態sにおいて、最後の行動ポリシー（Policy3）に対する状態価値関数が最も大きな値を取ることがわかります。

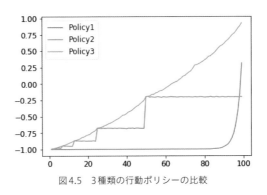

図4.5 3種類の行動ポリシーの比較

　次項の結果を見るとわかるように、この最後の行動ポリシーから得られる状態価値
関数は、実は、最善の行動ポリシーに対応したものになります。つまり、**図4.4**の左
に示した行動ポリシーが、最善の行動ポリシー π_* になります。ただし、この問題の
場合、これと同じ状態価値関数を与える行動ポリシーは他にも存在しており、最善の
行動ポリシーが、必ずしも1つに定まらないことを示す例になっています。この点に
ついては、章末の演習問題1で再確認します。

4.1.3　サンプリングを用いた価値反復法

　前項では、特定の行動ポリシー π について、シミュレーションで収集したデータを
用いて対応する状態価値関数 $v_\pi(s)$ を推定しました。これができれば、「3.1　ポリシー
反復法」で説明した手法を適用して、行動ポリシーを改善することができそうです。
具体的には、推定された状態価値関数 $v_\pi(s)$ から行動－状態価値関数 $q_\pi(s,a)$ を求めて、
それぞれの状態 s に対して $q_\pi(s,a)$ を最大にするアクション a を選択するGreedyポリ
シーを構成するというものです。

　しかしながら、今回の場合、この方法をそのまま適用することはできません。なぜ
なら、状態価値関数 $v_\pi(s)$ から行動－状態価値関数 $q_\pi(s,a)$ を求める際は、「3.1.1　『一
手先読み』による行動ポリシーの改善」で（3.1）として示した次の関係式を用いる必
要があります。

$$q_\pi(s,a) = \sum_{(r,s')} p(r,s' \mid s,a)\,\{r + \gamma v_\pi(s')\}$$

この右辺には状態遷移の条件付き確率 $p(r, s' \mid s, a)$ が含まれていますが、この値を事前に知ることができないというのが、本章の前提でした。これがわかっていれば、そもそもシミュレーションを用いてデータを集める必要はありません。

この問題を避ける方法として、シミュレーションで得られたデータから、行動－状態価値関数 $q_\pi(s, a)$ を直接的に推定するという方法が考えられます。行動－状態価値関数 $q_\pi(s, a)$ というのは、最初のアクション a は任意に選択して、その後は、行動ポリシー π に従って行動を続けた場合の総報酬の期待値でした。そこで、状態 S_0 からシミュレーションを開始するとして、最初のアクション A_0 は任意に選択して、その後のアクションについては、行動ポリシー π に従って選択するものとします。その結果、S_4 を終了状態とする次のエピソードが得られたとします。

$$S_0 \xrightarrow[A_0]{} (R_1, S_1) \xrightarrow[A_1]{} (R_2, S_2) \xrightarrow[A_2]{} (R_3, S_3) \xrightarrow[A_3]{} (R_4, S_4)$$

この時に得られた総報酬 $G_0 = R_1 + R_2 + R_3 + R_4$ は、行動－状態価値関数 $q_\pi(S_0, A_0)$ を推定するためのサンプルとして利用することができます。つまり、特定の初期状態 s と最初のアクション a に対して、このようなサンプルを集めて総報酬の平均値を計算すれば、行動－状態価値関数 $q_\pi(s, a)$ の推定値とすることができます。これをさまざまなペア (s, a) に対して行います。

さらに、上記のエピソードは、途中経過に含まれる状態についての行動－状態価値関数を推定するデータとしても利用できます。たとえば、S_1 以降の部分を取り出してみます。

$$S_1 \xrightarrow[A_1]{} (R_2, S_2) \xrightarrow[A_2]{} (R_3, S_3) \xrightarrow[A_3]{} (R_4, S_4)$$

このエピソードによって得られた総報酬 $G_1 = R_2 + R_3 + R_4$ は、行動－状態価値関数 $q_\pi(S_1, A_1)$ を推定するためのサンプルになります。行動－状態価値関数においては、最初のアクションは任意に選択すると言いましたが、それがたまたま行動ポリシー π によって選択されたものと一致した場合のデータと考えれば問題ありません。ただし、最初のアクションを含めてすべてのアクションを行動ポリシー π に従って選択してしまうと、それ以外のアクションに対するデータを収集することができなくなります。エピソードのデータを収集する際は、最初のアクションについては、行動ポリシー π では選ばれないアクションを含めて選択することが必要になります。

また、ポリシー反復法は、動的計画法によって状態価値関数$v_\pi(s)$を厳密に求めた後に、行動－状態価値関数$q_\pi(s,a)$を計算して行動ポリシーをアップデートするという考え方でした。より正確に言うと、ベルマン方程式による更新を行った際に、状態価値関数の値がほとんど変化しなくなったところで更新処理のループを打ち切りました。一方、今回の場合は、限定的なサンプルから行動－状態価値関数$q_\pi(s,a)$を推定するわけですので、どの段階で十分正確に推定できたかを判断するのは簡単ではありません。そこで、「3.2.1　状態価値関数と行動ポリシーの並列更新」で説明した価値反復法の考え方を応用して、行動－状態価値関数$q_\pi(s,a)$を更新するごとに、即座に行動ポリシーも更新するという方法を適用します。これにより、行動－状態価値関数$q_\pi(s,a)$の更新と、対応する行動ポリシーπの改善が並列に行われていき、最終的に最善の行動ポリシーπ_*に到達すると期待することができます。ここでは、この手法を「サンプリングを用いた価値反復法」と呼ぶことにします。

　ただし、この方法で最善のポリシーを得るには、シミュレーションで取集されるデータの偏りに注意する必要があります。行動－状態価値関数$q_\pi(s,a)$を正しく推定するには、あらゆる状態sとアクションaに対するデータを十分に集める必要がありますが、シミュレーションの実行方法によっては、特定のペア(s,a)についてのデータが収集されないなどの問題が起きることもあり得ます。この問題については、「4.1.4　オフポリシーでのデータ収集」であらためて議論することにして、ここではまず、前項と同じゲームについてサンプリングを用いた価値反復法を適用してみます。ここからは、フォルダー「Chapter04」にある、次のノートブックに沿って解説を進めます。

- 03_Gambler's_Problem_Value_Iteration.ipynb

はじめに、必要なモジュールをインポートします。

[GVI-01]
```
1: import numpy as np
2: import matplotlib.pyplot as plt
3: import matplotlib
4: matplotlib.rcParams['font.size'] = 12
```

続いて、ゲームのシミュレーションを行うためのGamblerクラスを定義します。

[GVI-02]

```
 1: class Gambler:
 2:   def __init__(self, goal=100, win_rate=0.4):
 3:     self.goal = goal
 4:     self.win_rate = win_rate
 5:     self.states = range(goal+1)
 6:
 7:     self.policy = {}
 8:     for s in self.states:
 9:       if s == 0 or s == self.goal:
10:         continue
11:       self.policy[s] = np.random.randint(1, s+1)
12:
13:     self.q = {}
14:     self.cnt = {}
15:     for s in self.states:
16:       for a in range(1, s+1):
17:         self.q[(s, a)] = 0
18:         self.cnt[(s, a)] = 0
19:
20:   def play(self, s, a):
21:     if s == 0 or s == self.goal:
22:       return 0, s        # Reward, Next state
23:
24:     if np.random.random() < self.win_rate:  # Win
25:       s = min(self.goal, s + a)
26:       if s == self.goal:
27:         return 1, s      # Reward, Next state
28:       return 0, s        # Reward, Next state
29:     else:                                   # Lose
30:       s -= a
31:       if s == 0:
32:         return -1, s     # Reward, Next state
33:       return 0, s        # Reward, Next state
```

Chapter 1　Chapter 2　Chapter 3　Chapter 4　Chapter 5

これは、前項のノートブック「02_Gambler's_Problem_Value_Estimation.ipynb」の [GVE-02] とほぼ同じですが、状態価値関数の代わりに、行動－状態価値関数の推定値を保存するインスタンス変数qを用意している点と、行動ポリシーを表すインスタンス変数policyを乱数で初期化している点が異なります。

　8～11行目で、終了状態を除くすべての状態に対して、行動ポリシー、すなわち、賭けるポイントを乱数で設定しています。13行目のディクショナリー型のインスタ

ンス変数qは、状態sとアクションaのペアからなるタプル(s, a)をキーとして、対応する行動−状態価値関数$q_\pi(s,a)$の値を保存します。14行目のディクショナリー型のインスタンス変数cntは、平均値を逐次計算するために、タプル(s, a)に対するこれまでのデータ数を保持します。15〜18行目でこれらの値を0に初期化しています。20〜33行目のplayメソッドは、[GVE-02]と変わりありません。

次に、得られた結果をグラフに描いて可視化する関数show_resultを定義します。

```
[GVI-03]
 1: def show_result(gambler):
 2:     fig = plt.figure(figsize=(14, 4))
 3:     linex = range(1, gambler.goal)
 4:
 5:     subplot = fig.add_subplot(1, 2, 1)
 6:     liney = [gambler.policy[s] for s in linex]
 7:     subplot.plot(linex, liney)
 8:     subplot.set_ylim([0, 100])
 9:     subplot.set_title('Policy')
10:
11:     subplot = fig.add_subplot(1, 2, 2)
12:     liney = [gambler.q[(s, gambler.policy[s])] for s in linex]
13:     subplot.plot(linex, liney)
14:     subplot.set_ylim([-1, 1])
15:     subplot.set_title('Value')
```

ここでは、12行目の処理に注意してください。今回は、行動−状態価値関数$q_\pi(s,a)$の推定を行うため、状態価値関数$v_\pi(s)$の値はインスタンス変数に保持されていません。しかしながら、Greedyポリシーの場合、行動−状態価値関数$q_\pi(s,a)$から状態価値関数$v_\pi(s)$を得るのは簡単です。状態sにおいて、Greedyポリシーπによって選択されるアクションaは1つに決まっており、その特定のアクション$a = \hat{\pi}(s)$を行動−状態価値関数$q_\pi(s,a)$に代入すれば、状態価値関数$v_\pi(s)$の値になります。

$$v_\pi(s) = q_\pi(s, \hat{\pi}(s))$$

状態価値関数は、最初から最後まで、特定の行動ポリシーπに従ってアクションを選択した場合の総報酬の期待値であることを思い出しておいてください。12行目では、この関係を用いて状態価値関数$v_\pi(s)$の値を得て、それをグラフに表示しています。

続いて、シミュレーションにより、1回分のエピソードを取得する関数 get_episode を定義します。

[GVI-04]

```
 1: def get_episode(gambler):
 2:     episode = []
 3:     s = np.random.randint(1, gambler.goal)
 4:     initial = True
 5:     while True:
 6:         if initial:
 7:             a = np.random.randint(1, s+1)
 8:             initial = False
 9:         else:
10:             a = gambler.policy[s]
11:         r, s_new = gambler.play(s, a)
12:         episode.append((s, a, r))
13:         if s_new == 0 or s_new == gambler.goal:
14:             break
15:         s = s_new
16:
17:     return episode
```

この関数の内容は、前項のノートブックの [GVE-04] とほぼ同じですが、エピソードの最初のアクションは乱数で選択して（6〜8行目）、その後は、インスタンス変数 policy に保存された行動ポリシーに従うように変更されています（9〜10行目）。先に説明したように、シミュレーションによる価値反復法では、最初のアクションは行動ポリシーとは無関係に選択する必要があります。

次に、現在の行動−状態価値関数 $q_\pi(s, a)$ の値を用いて、特定の状態 s に対する行動ポリシー policy[s] を更新する関数 policy_update を定義します。

[GVI-05]

```
 1: def policy_update(gambler, s):
 2:     q_max = -10**10
 3:     a_best = None
 4:     for a in range(1, s+1):
 5:         if gambler.q[(s, a)] > q_max:
 6:             q_max = gambler.q[(s, a)]
 7:             a_best = a
 8:
 9:     gambler.policy[s] = a_best
```

ここでは、オプション s で指定された状態 s について、取り得るすべてのアクション a に対する $q_\pi(s, a)$ の値を比較して、これが最大となるアクション a を新しい行動ポリシーとして設定しています。

　最後に、シミュレーションによる価値反復法の本体となる関数 train を定義します。

[GVI-06]
```
 1: def train(gambler, num):
 2:   c = 0
 3:   while c < num:
 4:     episode = get_episode(gambler)
 5:     episode.reverse()
 6:     total_r = 0
 7:     for (s, a, r) in episode:
 8:       total_r += r
 9:       gambler.cnt[(s, a)] += 1
10:       gambler.q[(s, a)] += (total_r - gambler.q[(s, a)]) / gambler.cnt[(s, a)]
11:       policy_update(gambler, s)
12:     c += len(episode)
```

　この関数の内容は、前項の [GVE-05] で定義した関数 train によく似ています。異なるのは、状態価値関数の代わりに、行動−状態価値関数の値を更新している点と、先ほど定義した関数 policy_update を用いて、行動ポリシーの更新を行っている点です。4行目で関数 get_episode を用いて1回分のエピソードのデータを取得した後、エピソードに含まれるデータを後ろから順に処理するために、5行目で得られたデータの順序を反転しています。その後は、7〜11行目のループで、エピソードに含まれるデータを順番に処理していきます。

　具体的には、8〜10行目で、各ステップにおける総報酬 total_r を計算して、インスタンス変数 q に保存された行動−状態価値関数の値 $q(s, a)$ を更新しています。そして、この更新により、状態 s において、行動−状態価値関数の値を最大にするアクションが変化する可能性があります。そこで、11行目で、先ほど定義した関数 policy_update を用いて状態 s に対する行動ポリシーを更新しています。最終的に、処理したデータ数がオプション num で指定された個数を超えたところで処理を打ち切ります。

　なお、「3.2.1　状態価値関数と行動ポリシーの並列更新」の**図 3.12** で説明したように、本来の価値反復法では、初期設定された状態価値関数 $v_\pi(s)$ から行動−状態価値関数 $q_\pi(s, a)$ を計算して、行動ポリシー $\hat{\pi}(s)$ を更新するという流れがあるため、行動ポ

リシーの初期設定は不要でした。一方、今の場合は、まずはじめに、行動ポリシーを用いたシミュレーションを実行する必要があります。そのため、行動ポリシーは、シミュレーションによるデータ収集ができるような形に初期化しておく必要があります。

　これで必要な準備が整いました。この後は、関数trainを用いて、シミュレーションで得られたデータによる行動ポリシーの改善を実行して、結果を確認します。はじめに、Gamblerクラスのインスタンスを生成します。

[GVI-07]

```
1: gambler = Gambler()
```

　続いて、関数trainを実行します。

[GVI-08]

```
1: %%time
2: train(gambler, num=50000000)
```

```
CPU times: user 10min 36s, sys: 95.1 ms, total: 10min 36s
Wall time: 10min 40s
```

　ここでは、取得するデータ数として50,000,000を指定しています。学習と共に行動ポリシーが更新されていくので、前項で状態価値関数を推定した場合よりも取得するデータ数を多くしています。マジックコマンド%%timeで計測した実行時間は10分程度になります。

　最後に、関数show_resultを用いて結果を確認します。

[GVI-09]

```
1: show_result(gambler)
```

　この実行結果は、**図4.6**のようになります。右側の状態価値関数のグラフを見ると、前項の**図4.4**とほぼ同じ結果になっています。これは、**図4.4**の左側に示した行動ポリシーが最善であることを示唆しています。しかしながら、**図4.6**の左側の行動ポリシーは、所々に大きなくぼみがあり、**図4.4**とは大きく異なります。これは、右側の状態価値関数を与える最善の行動ポリシーが単一ではないことに起因します。この点については、章末の演習問題1を参考にしてください。

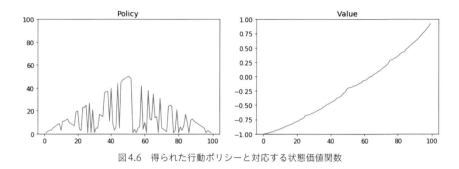
図4.6　得られた行動ポリシーと対応する状態価値関数

ここまで、シミュレーションによって収集したデータを用いて、状態価値関数、および、行動−状態価値関数の値を推定すると共に、Greedyポリシーを用いて行動ポリシーを改善する方法を説明してきました。前項のポイントを賭けるゲームの例では、ほぼ期待通りの結果が得られましたが、実は、この手法には大きな課題があります。それは、終了状態に至るエピソードのデータが適切に収集できるとは限らないという点です。

たとえば、**図4.7**のような簡単な「迷路」を解く問題を考えてみます。左上のスタート地点 (S) から出発したエージェントは、右下のゴール地点 (G) に到達するとそこで終了状態になります。最短距離でゴールに到達することを目指すために、一歩移動するごとに−1の報酬を与えます。

そして、この迷路は、コンピューター上のシミュレーションではなく、物理的に実在する迷路だと考えてください。自走式のロボットをスタート地点から走らせながら、現実世界でデータを収集するものとします。そのため、ロボットを任意の位置においてデータ収集を開始することはできません。あくまで、スタート地点から出発して、自力でゴールに到達するという処理を繰り返しながら、最短の経路を発見することが目標となります[注4]。この場合、最初に設定した行動ポリシーによっては、ロボットが永遠にゴールに到達できない可能性があります。つまり、1つのエピソードが終了せず、総報酬が確定しないために学習処理を進めることができないケースがあるのです。

注4　現実の迷路を走行するというのは少し作為的な例かもしれませんが、他にも、ビデオゲームを自動でプレイするエージェントの学習などが考えられます。この場合、ビデオゲームを改変するなどの特別な作業をしない限り、任意の地点からゲームをプレイすることはできません。

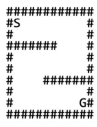

図4.7　簡単な迷路の例

　あるいは、うまくゴールに到達できた場合でも、毎回、同じスタート地点からエピソードを開始した場合、アクションの選択に確率的な要素を含まないGreedyポリシーを用いる限り、毎回の経路が同一になります。つまり、さまざまな経路を試して、その中でベストなものを探していくという「探索（Exploration）」が行われないのです。仮に、状態遷移に確率的な要素があったとしても、特定の行動ポリシーに従う限り、シミュレーションで収集されるデータには偏りが生まれるでしょう。前項で扱ったポイントを賭けるゲームでは、「任意のスタート地点からゲームを開始できる」「固定的な行動ポリシーでも有限回のステップで必ず終了状態に到達する」という、このゲームに固有の特性があったために、さまざまなバリエーションのエピソードを収集して、最善の行動ポリシーを発見することができたのです。このような都合のよい条件は、すべての場合に当てはまるとは限りません。

　これに対処する方法としては、「1.3.3　『活用』と『探索』の組み合わせ」で説明したε-greedyポリシーの利用が考えられます。これは、$0 < \varepsilon < 1$の範囲の確率εでランダムなアクションを混ぜるというものです。εの値をある程度大きく取っておけば、行動ポリシーの初期設定によらず、ランダムな行動を繰り返していくうちに、運良くゴールに到達する可能性があります。ただし、このようにして得られたエピソードのデータは、そのままの形で行動－状態価値関数$q_\pi(s, a)$の推定に利用することはできません。$q_\pi(s, a)$というのは、最初のアクションaを除いて、その後のアクションは行動ポリシーπに従った場合の総報酬の期待値であり、ランダムな行動を混ぜて得られた場合の総報酬を用いて計算するわけにはいきません。

　——「あちらを立てればこちらが立たず」という感じですが、ε-greedyポリシーで得られたエピソードのデータは、少なくとも、後ろの一部分だけを使用することはできます。たとえば、S_{10}を終了状態とする次のエピソードが得られたとします。

$$S_0 \xrightarrow[A_0]{} (R_1, S_1) \xrightarrow[A_1]{} \cdots \xrightarrow[A_6]{} (R_7, S_7) \xrightarrow[A_7]{} (R_8, S_8) \xrightarrow[A_8]{} (R_9, S_9) \xrightarrow[A_9]{} (R_{10}, S_{10})$$

この中で、アクション A_7 は行動ポリシー（Greedy ポリシー）π で選ばれるアクションに一致しておらず、それ以降の A_8、A_9 は行動ポリシー π で選ばれるアクションに一致していたものとします。この時、状態 S_7 以降を取り出した次のエピソードを考えてみます。

$$S_7 \xrightarrow[A_7]{} (R_8, S_8) \xrightarrow[A_8]{} (R_9, S_9) \xrightarrow[A_9]{} (R_{10}, S_{10})$$

このエピソードは、最初のアクションは任意に選んで、それ以降は行動ポリシー π に従うという条件を満たしており、少なくともここに含まれるデータは、行動−状態価値関数 $q_\pi(s, a)$ の推定に利用することができます。「4.1.2 サンプリングによる状態価値関数の評価」（コード [GVE-05] の直後の解説）では、エピソードに含まれるデータを後ろから順にたどって処理する方法を説明しましたが、これと同じ手順をたどりながら、行動ポリシー π とは異なるアクション（先ほどの例では A_7）を処理した時点で、行動−状態価値関数 $q_\pi(s, a)$ の更新を打ち切ればよいのです。

この場合、ε が大きいと、スタートからゴールに至る1つのエピソードの中に行動ポリシー π と異なるアクションが混ざる割合が大きくなるので、学習に利用できる末尾の部分は短くなります。一方で、ε が小さすぎると、ランダムなアクションが減るので、「運良くゴールに到達する」ということが難しくなります。この問題には、学習の進行にあわせて、ε を徐々に小さくするという方法で対処します（**図4.8**）。はじめは、ε を大きな値にして、まずはゴールに至るエピソードを確保し、ゴール付近の行動ポリシーを更新します。これにより、ゴール付近までたどり着けば、その後はランダムなアクションを混ぜなくてもゴールに到達できるようになります。その後、ε を小さくしていくことで、徐々にゴールから遠い位置からゴールに至るまでの経路を学んでいきます。最終的に、ε が十分小さくなったところで、スタートからゴールまで、ランダムなアクションを一度も混ぜずに到達できれば学習に成功したことになります[注5]。

注5 「最短経路を学習する」という目的が必ずしも達成できるわけではありませんが、ここでは、まず、スタートからゴールに至る経路を学習することを目標としています。

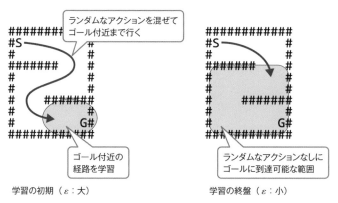

図4.8　εを徐々に小さくして学習する方法

　このように、評価対象の行動ポリシーとは異なる行動ポリシーでエージェントを動かしながら、学習に必要なデータを収集する手法を「オフポリシーでのデータ収集」、そして、そのようにして収集したデータによる学習アルゴリズムを「オフポリシーの学習アルゴリズム」と言います。オフポリシーでの学習では、収集したデータをそのまま学習に使用できるわけではないことに注意が必要です。今回の例では「運頼み」の要素が大きく、本当にこれでうまくいくのか心配になりますが、結論から言うと、**図4.7**程度の問題であれば、εの変化などをうまく調整すれば、ゴールに至る経路を学習することができます。

　それでは、実際のコードを用いて、これを確認してみましょう。ここからは、フォルダー「Chapter04」にある、次のノートブックに沿って説明を進めます。

- 04_Maze_Solver_Monte_Carlo.ipynb

はじめに、必要なモジュールをインポートします。

[MMC-01]

```
1: import numpy as np
2: import copy
3: import matplotlib.pyplot as plt
4: import matplotlib
5: matplotlib.rcParams['font.size'] = 12
```

2行目のモジュール copy は、迷路のデータを格納したリストをコピーする際に利用します。続いて、迷路のデータを格納したリストを返す関数 get_maze を定義します。

[MMC-02]
```
 1: def get_maze():
 2:   maze_img = '''
 3: ############
 4: #S         #
 5: #          #
 6: #######    #
 7: #          #
 8: #          #
 9: #    #######
10: #          #
11: #        G#
12: ############
13: '''
14:   maze = []
15:   for line in maze_img.split('\n'):
16:     if line == '':
17:       continue
18:     maze.append(list(line))
19:
20:   return maze
```

これは、3〜12行目の迷路のデータを2次元リストに格納したものを返します。リストの各要素は、それぞれの文字（#、S、G、および、スペース）です。続いて、迷路を移動するエージェントを表す Agent クラスを定義します。

[MMC-03]
```
 1: class Agent:
 2:   def __init__(self, maze):
 3:     self.maze = maze
 4:     size_y, size_x = len(maze), len(maze[0])
 5:     self.states = [(x, y) for x in range(size_x) for y in range(size_y)]
 6:     self.actions = [(0, -1), (-1, 0), (1, 0), (0, 1)]
 7:
 8:     self.policy = {}
 9:     for s in self.states:
10:       self.policy[s] = self.actions[np.random.randint(len(self.actions))]
11:
```

```
12:     self.q = {}
13:     self.cnt = {}
14:     for s in self.states:
15:       for a in self.actions:
16:         self.q[(s, a)] = -10**10
17:         self.cnt[(s, a)] = 0
18:
19:   def move(self, s, a):
20:     x, y = s
21:     dx, dy = a
22:
23:     if self.maze[y][x] == 'G':
24:       return 0, s       # Reward, Next state
25:
26:     if self.maze[y+dy][x+dx] != '#':
27:       x += dx
28:       y += dy
29:
30:     return -1, (x, y)   # Reward, Next state
```

　2〜17行目の初期化関数（コンストラクタ）は、オプションmazeで迷路のデータ（2次元リスト）を受け取ります。エージェントの状態sは、迷路上の座標のタプル(x, y)で表します。5行目のインスタンス変数statesには、すべての座標のタプル(x, y)を格納しています。6行目のインスタンス変数actionsは、エージェントが取り得るアクションを集めたリストで、4種類の移動方向を表すタプル（(0, -1)は上への移動など）を格納しています。

　8行目のディクショナリー型のインスタンス変数policyは行動ポリシーを表すもので、状態をキーとして、対応するアクションを返します。9〜10行目では、ランダムに選択したアクションで初期化しています。続く12〜17行目では、行動−状態価値関数$q_\pi(s,a)$を表すインスタンス変数qと、平均値を逐次計算するために、これまでのデータ数を格納するインスタンス変数cntを用意しています。

　16行目では、行動−状態価値関数$q_\pi(s,a)$の初期値として、極端に小さな値（10^{-10}）を設定している点に注意してください。これは、この問題の報酬設計と関係があります。この問題では、一歩移動するごとに−1の報酬が得られるため、ゴールに到達した際の総報酬は必ず負の値になります。つまり、学習した経路に対応する行動−状態価値関数の値は必ず負になります。そのため、行動−状態価値関数$q_\pi(s,a)$の初期値を0にしておくと、学習した経路は、未学習の経路よりも得られる総報酬の期待値が

小さく、避けるべき経路だと判断されてしまいます。これでは、**図4.8**に示した、「学習済みの経路を徐々に延ばして、ランダムなアクションに頼らずにゴールに到達できるようにする」という戦略がうまく働きません。そこで、行動−状態価値関数の初期値を極端に小さくして、学習済みの経路を積極的に利用するように仕込んであるのです。

なお、「1.4.2　初期値を用いた探索のトリック」で説明したように、初期値をあえて大きくすることで、未学習の経路を積極的に探索させるという戦略を取ることもできます。しかしながら、今回の場合、この戦略を取るとゴールに到達するエピソードの収集が困難になり、学習がうまく進まなくなります。次節の「4.2.1　オフポリシーでのTD法：Q-Learning」で説明するように、本来、このテクニックは、ゴールに至ることが難しい経路に探索がはまり込むのを避けるために利用します。今回のようにゴール付近から学習が進む状況においては、学習済みの経路は積極的に活用する方がよいことになります。

その後の19〜30行目にあるmoveメソッドは、迷路の中で一歩移動する処理の実装です。オプションsとaに、現在の状態と選択したアクションを渡します。先に説明したように、これらは座標を表すタプルになっています。20〜21行目では、この後の処理のために、タプルの要素を明示的に取り出しています。23〜24行目はすでにゴールに到達している場合の処理で、報酬は0で、今と同じ状態を返します。26〜28行目は移動先が壁でなければ移動する処理で、30行目で報酬−1と移動後の状態を返しています。

次に、スタート地点からゴール地点に至る1回分のエピソードを取得する関数get_episodeを定義します。

[MMC-04]

```
 1: def get_episode(agent, epsilon):
 2:   episode = []
 3:   s = (1, 1)  # Start
 4:
 5:   while True:
 6:     if np.random.random() < epsilon:
 7:       a = agent.actions[np.random.randint(len(agent.actions))]
 8:     else:
 9:       a = agent.policy[s]
10:
11:     r, s_new = agent.move(s, a)
```

```
12:     episode.append((s, a, r))
13:     x, y = s_new
14:     if agent.maze[y][x] == 'G':
15:       break
16:     s = s_new
17:
18:   return episode
```

アクションを決定する際は、エージェントがインスタンス変数policyに保持する
Greedyポリシーをベースにして、確率εでランダムなアクションを選択する
ε-greedyポリシーを用います。そのため、オプションepsilonでεの値を指定します。
2行目のリストepisodeには、エピソードに含まれるデータ（現在の状態s、行動ポリ
シーa、報酬rの3つの情報をまとめたタプル(s, a, r)）を保存します。また、3行目
では、最初の状態として、スタート地点の座標を指定しています。

5～16行目のループで、エージェントは迷路の中を移動していきます。ε-greedy
ポリシーでアクションを選択した後に（6～9行目）、選択したアクションに伴う報酬
と次の状態を取得し（11行目）、取得したデータをepisodeに追加します（12行目）。
その後、13～15行目で、ゴールに到達したかどうかを判定しています。ゴールに到
達した場合は、そこでループを抜けて、リストepisodeに保存したデータを返します。

この次は、現在の行動－状態価値関数$q_\pi(s, a)$の値を用いて、特定の状態sに対す
る行動ポリシーpolicy[s]を更新する関数policy_updateを定義します。

[MMC-05]
```
1: def policy_update(agent, s):
2:   q_max = -10**10
3:   a_best = None
4:   for a in agent.actions:
5:     if agent.q[(s, a)] > q_max:
6:       q_max = agent.q[(s, a)]
7:       a_best = a
8:
9:   agent.policy[s] = a_best
```

この関数の内容は、前項のノートブック「03_Gambler's_Problem_Value_Iteration.
ipynb」用いた[GVI-05]とまったく同じです。

そして、いよいよ、このアルゴリズムの中心となる部分を実装します。次の関数

trainは、ε-greedyポリシーで収集したデータを用いて、前項で説明した「サンプリングを用いた価値反復法」を実施します。前項と異なるのは、エピソードを収集した後に、行動ポリシーと異なる最後のアクション以降のデータのみを用いて、行動－状態価値関数$q_\pi(a, s)$をアップデートする点と、学習の進捗にあわせてεの値を小さくしていくことです。

[MMC-06]

```
 1: def train(agent, epsilon, min_epsilon):
 2:   episode_lengths = []
 3:   max_data_length = 0
 4:
 5:   while True:
 6:     episode = get_episode(agent, epsilon)
 7:     episode_lengths.append(len(episode))
 8:     episode.reverse()
 9:     total_r = 0
10:     last = False
11:     data_length = 0
12:
13:     for (s, a, r) in episode:
14:       data_length += 1
15:
16:       if a != agent.policy[s]:
17:         last = True
18:
19:       total_r += r
20:       agent.cnt[(s, a)] += 1
21:       agent.q[(s, a)] += (total_r - agent.q[(s, a)]) / agent.cnt[(s, a)]
22:       policy_update(agent, s)
23:
24:       if last:
25:         break
26:
27:     epsilon *= 0.999
28:     if epsilon < min_epsilon:
29:       break
30:
31:     if data_length > max_data_length:
32:       max_data_length = data_length
33:       result = np.copy(agent.maze)
34:       for (s, a, r) in episode[:data_length]:
35:         x, y = s
```

```
36:         result[y][x] = '+'
37:       print('epsilon={:1.3f}'.format(epsilon))
38:       for line in result:
39:         print (''.join(line))
40:       print ('')
41:
42:   return episode_lengths
```

まず、εの変化については、オプションepsilonとmin_epsilonに、学習開始時の初期値と、学習を終了する際の最小値を指定します。今回の場合は、1つのエピソードを処理するごとに、εの値を0.999倍して、これがmin_epsilon未満になったところで学習を終了します（27〜29行目）。2行目で定義しているリストepisode_lengthsには、参考情報として、それぞれのエピソードに含まれるステップ数を保存していきます。学習の初期はゴールに到達するのが難しく、エピソードは長くなり、学習が進むにつれて徐々に短くなると期待されますが、期待通りの結果になるかどうかを後ほど確認します。

また、3行目の変数max_data_lengthは、これまでのエピソードにおいて、「学習に利用できた部分」のステップ数の最大値を保持します。これは、学習の進捗状況を画面表示するための補助的なもので、以前よりも長いステップ数のデータが利用できた場合に、エージェントがたどった該当部分の経路を画面に出力します。先ほどの**図4.8**に示したように、学習が進み、εの値が小さくなるにつれて、より長い経路が学習に利用できるようになるはずです。この処理は、31〜40行目で実装しています。

それでは、学習処理の中心部分の流れを説明します。6行目で関数get_episodeを用いて、1回分のエピソードのデータを取得します。7行目でエピソードに含まれるデータ数（ステップ数）をリストepisode_lengthsに追加した後に、8行目で、エピソードに含まれるデータを後ろから処理するために、得られたデータの順序を反転します。その後、13〜25行目のループでエピソードに含まれるデータを処理していきますが、16〜17行目で、選択したアクションが行動ポリシーで選択されるアクションに一致しているかをチェックしています。これらが異なる場合は、このデータを処理したところでループを抜けるというフラグlastを立てます。24〜25行目でこのフラグをチェックして、ループを抜ける処理を行います。

19〜21行目は、処理対象となるステップの位置sからゴール至るまでの総報酬total_rを計算して、対応する状態価値関数の平均値を更新しています。これに伴い、状態sにおけるベストなアクションが変化する可能性があるので、22行目で状態sに

対する行動ポリシーを更新しています。

　その後は、先ほど説明したように、エピソードを処理するごとに ε の値を小さくしていき、これが min_epsilon 未満になったところで学習処理のループを抜けて（27〜29行目）、エピソードに含まれる全ステップ数を保存したリストを返却します（42行目）。

　これでアルゴリズムの実装が完了しましたので、実際に学習処理を行ってみます。はじめに、迷路のデータを取得して、Agent クラスのインスタンスを生成します。

[MMC-07]

```
1: maze = get_maze()
2: agent = Agent(maze)
```

　続いて、関数 train を実行して、学習処理を行います。ε の初期値と学習を終了する際の最小値については、それぞれ、0.9 と 0.01 を指定しています。また、ε の値はエピソードを集取するごとに 0.999 倍すると説明しました。これらの具体的な値は、試行錯誤によって決定したものです。特に、理論的な根拠があるわけではありません。

[MMC-08]

```
1: %%time
2: episode_lengths = train(agent, epsilon=0.9, min_epsilon=0.01)
```

```
                epsilon=0.264    epsilon=0.241    epsilon=0.226
                #############    #############    #############
                #S       #       #S       #       #S++     #
                #   +++   #      #   +++++ #       #   +++++ #
→（中略）→       #######+++ #      #######+++ #      #######+++ #
                #       + #      #       + #      #       + #
                #   ++++++ #     #   ++++++ #     #   ++++++ #
                #   + #     →     #   + #     →     #   + #
                #   +####### #    #   +####### #    #   +####### #
                #   +++++++# #    #   +++++++# #    #   +++++++# #
                #        G#      #        G#      #        G#
                #############    #############    #############
CPU times: user 12.1 s, sys: 24.9 ms, total: 12.1 s
Wall time: 12.2 s
```

先ほど説明したように、この関数の実行中は、新しいエピソードを取得した結果、これまでよりも長いステップ数のデータが学習に利用できた場合に、該当部分の経路を画面に出力します。上記の出力を見ると、最初はゴール付近のデータのみを利用していたものが、徐々により長い経路のデータを学習していることがわかります[注6]。

また、マジックコマンド`%%time`で計測した実行時間は約12秒になっていますが、実際の時間は、実行ごとに大きく変動します。ランダムに初期化した行動ポリシーがたまたまゴールに到達しにくいものであった場合、学習の初期は、エピソードの取得により長い時間がかかることになります。

これで学習が終わったので、実際の学習結果を確認します。$\varepsilon = 0$、すなわち、ランダムなアクションを混ぜないという指定の下に、学習済みの行動ポリシーを用いて、エピソードを取得してみます。

[MMC-09]
```
1: episode = get_episode(agent, epsilon=0)
2:
3: result = np.copy(agent.maze)
4: for (s, a, r) in episode:
5:    x, y = s
6:    result[y][x] = '+'
7: for line in result:
8:    print (''.join(line))
```

注6　[MMC-08]の出力結果は紙面にあわせて整形してあります。実際の出力は、縦方向に迷路の図が並びます。

```
##############
#+          #
#++++++     #
#######+    #
#   ++++     #
#  +         #
#  +######   #
#  +++++++   #
#        G#
##############
```

　ここでは、エピソードに含まれるエージェントの移動経路を図示しています。この例では、スタートからゴールに至る最短の経路を発見しているようですが、ランダムな要素を持った学習法なので、実行ごとに結果が変わる可能性はあります。

　最後に、学習中に取得したエピソードの長さをグラフに表示して確認します。

```
[MMC-10]
1: fig = plt.figure(figsize=(10, 4))
2: subplot = fig.add_subplot(1, 1, 1)
3: subplot.set_title('Epsode length')
4: subplot.plot(range(len(episode_lengths)), episode_lengths)
```

　この実行結果は、**図4.9**になります。この結果も実行ごとに大きく変わりますが、一般に、学習の初期はエピソードの長さが非常に長くなります。これは、偶然ゴールにたどり着くまでランダムに移動を繰り返すことが原因ですが、得られたエピソードに含まれるデータの中で学習に利用されるのは、ゴール付近のごく一部のデータであることを考えると、あまり効率のよい学習方法とは言えません。これは、終了状態に至るエピソードの収集が終わるのを待ってから学習処理を行う、モンテカルロ法の致命的な欠点とも言えます注7。次節では、この手法を改善して、エピソードが終了するのを待たずに、エピソードのデータ収集と並行して学習処理を進める手法を解説します。

注7　一般には、シミュレーションでデータを集める手法をまとめて「モンテカルロ法」ということもありますが、本書では、ここで説明した「エピソード全体のデータを収集した後に学習する」という手法に限定して「モンテカルロ法」と呼んでいます。

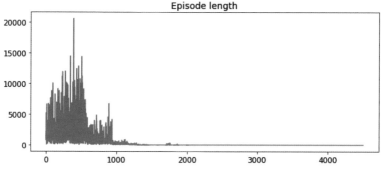

図4.9　学習中に取得したエピソードの長さの変化（モンテカルロ法の場合）

4.2 TD（Temporal-Difference）法

　前節で取り扱ったモンテカルロ法では、状態価値関数 $v_\pi(s)$、あるいは、行動－状態価値関数 $q_\pi(s, a)$ の推定値を更新するには、シミュレーション中のエピソードが完了するのを待つ必要がありました。これは、エピソードが完了するまで総報酬の値が確定しないためです。しかしながら、よく考えると、これはシミュレーションに固有の問題ではありません。仮に状態遷移の条件付き確率 $p(r, s' \mid s, a)$ がわかっていて厳密な計算ができるとしても、バックアップ図を末端の終了状態までたどらなければ、ある状態 s から出発して得られる総報酬の値はわかりません。

　ここで、「2.3.1　ベルマン方程式と動的計画法」の説明をもう一度よく思い出してください。動的計画法においては、状態価値関数が満たす再帰的な関係、すなわち、ベルマン方程式を利用することでこの問題を回避しました。ベルマン方程式には、ある状態 s の状態価値関数の値 $v_\pi(s)$ を一歩先の状態 s' の値 $v_\pi(s')$ で再計算するという作用があります。この再計算をすべての状態 s について繰り返し実施すると、終了状態の値が徐々に伝搬して、最終的には、すべての状態 s について $v_\pi(s)$ が正しい値に収束するというものでした。

　この考え方を応用すると、シミュレーションでデータを収集する際においても、ベルマン方程式を用いて状態価値関数の値を更新できます。この方法であれば、終了状態に到達するのを待たずに、1ステップ分の新しいデータが得られるごとに更新処理を行うことができます。この手法は、一般に「TD（Temporal-Difference）法」と呼ば

れます。ここでは、TD法の代表的なアルゴリズムとして、Q-LearningとSARSAの2種類を説明します。

▍4.2.1　オフポリシーでのTD法：Q-Learning

　ここで説明するQ-Learningには、オフポリシーでの学習が効率的に行えるという特徴があります。つまり、データを収集する行動ポリシー（ε-greedyポリシー）が学習対象の行動ポリシー（Greedyポリシー）と異なるにもかかわらず、収集したデータを無駄なく利用することができます。なぜそのようなことが可能になるのか、順を追って説明していきましょう。

　はじめに準備として、「行動−状態価値関数に対するベルマン方程式」を導きます。「4.1.3　サンプリングを用いた価値反復法」で説明したように、Greedyポリシーを用いて行動ポリシーを改善していく際に、状態遷移の条件付き確率$p(r,s' \mid s,a)$がわからない場合は、状態価値関数$v_\pi(s)$ではなく、行動−状態価値関数$q_\pi(s,a)$を直接に推定する必要がありました。そこで、行動−状態価値関数$q_\pi(s,a)$に対するベルマン方程式を導くことで、再帰的な関係を用いた再計算のテクニックを行動−状態価値関数$q_\pi(s,a)$の推定に適用しようというわけです。

　この導出は、それほど難しくありません。「3.1.1　『一手先読み』による行動ポリシーの改善」で（3.1）に示した次の関係式を使います。

$$q_\pi(s,a) = \sum_{(r,s')} p(r,s' \mid s,a)\{r + \gamma v_\pi(s')\} \qquad (4.1)$$

　Greedyポリシー$\hat{\pi}(s)$を前提とする場合、右辺の$v_\pi(s')$は、行動−状態価値関数$q_\pi(s,a)$を用いて次のように書き直すことができました。

$$v_\pi(s') = q_\pi(s',\hat{\pi}(s')) \qquad (4.2)$$

　これが成り立つ理由は、「4.1.3　サンプリングを用いた価値反復法」におけるコード [GVI-03] の直後の説明を参照してください。（4.2）を（4.1）に代入すると次の関係式が得られます。

$$q_\pi(s,a) = \sum_{(r,s')} p(r,s' \mid s,a) \{r + \gamma q_\pi(s',\hat{\pi}(s'))\} \qquad (4.3)$$

これが、行動 − 状態価値関数に対するベルマン方程式です。状態 s においてアクション a を選択した際に得られる結果、すなわち、報酬 r と次の状態 s' がわかれば、左辺の $q_\pi(s,a)$ が次の状態 s' の $q_\pi(s',\hat{\pi}(s'))$ を用いて再計算できることを示しています。今の場合は、条件付き確率 $p(r,s' \mid s,a)$ はわからないという前提ですが、状態 s でアクション a を選択した際の結果 (r,s') を集めて、右辺に含まれる $r + \gamma q_\pi(s',\hat{\pi}(s'))$ という量の平均値を取れば、(4.3) を用いた更新を近似的に再現することができます。

ただし、実際の Q-Learning のアルゴリズムでは、すべてのデータの平均値を真面目に計算するのではなく、新しいデータが得られるごとに一定の重み α で修正する方法を採用します。つまり、現在の $q_\pi(s,a)$ の値と右辺にある $r + \gamma q_\pi(s',\hat{\pi}(s'))$ の差分 $r + \gamma q_\pi(s',\hat{\pi}(s')) - q_\pi(s,a)$ を考えて、これを重み α で現在の値に加えて修正します。

$$q_\pi(s,a) \longrightarrow q_\pi(s,a) + \alpha \{r + \gamma q_\pi(s',\hat{\pi}(s')) - q_\pi(s,a)\} \qquad (4.4)$$

この α は、「1.4.1　非定常状態への対応」の (1.3) で用いた α と同じ役割を持つもので、直近のデータによる修正量を調整するハイパーパラメーターとなります。たとえば、$\alpha = 1$ とすると、上記の修正は次のようになります。

$$q_\pi(s,a) \longrightarrow r + \gamma q_\pi(s',\hat{\pi}(s'))$$

これは、過去のデータをすべて無視して、直近で得られたデータのみを採用するという意味になります。もちろんこれは極端な例で、一般には $\alpha = 0.1 \sim 0.2$ 程度の値を利用します。

次に、シミュレーションで学習用データを集める方法について考えます。たとえば、$q_\pi(s,a)$ をベースとした ε-greedy ポリシーでエージェントを行動させた結果、次のような状態変化が得られたとします。

$$S_0 \underset{A_0}{\longrightarrow} (R_1,S_1) \underset{A_1}{\longrightarrow} (R_2,S_2) \underset{A_2}{\longrightarrow} \cdots$$

はじめのステップからは、状態 S_0 でアクション A_0 を選択した結果、(R_1, S_1) というデータ得られたことになります。したがって、次の更新を行うことができます。

$$q_\pi(S_0, A_0) \longrightarrow q_\pi(S_0, A_0) + \alpha \{R_1 + \gamma q_\pi(S_1, \hat{\pi}(S_1)) - q_\pi(S_0, A_0)\}$$

この時、アクション A_0 は、行動－状態価値関数 $q_\pi(s, a)$ の引数として用いられているため、行動ポリシー π に従ったアクションである必要はありません。行動－状態価値関数 $q_\pi(s, a)$ においては、最初のアクション a は任意であったことを思い出してください。そして、これと同じ議論は、次のステップにも適用することができます。状態 S_1 でアクション A_1 を選択した結果、(R_2, S_2) というデータが得られたことになるので、次の更新が行えます。

$$q_\pi(S_1, A_1) \longrightarrow q_\pi(S_1, A_1) + \alpha \{R_2 + \gamma q_\pi(S_2, \hat{\pi}(S_2)) - q_\pi(S_1, A_1)\}$$

結局のところ、(4.4) を用いた更新処理は、エピソードに含まれるすべてのステップについて適用することができて、さらにエピソードが終了するのを待つ必要もありません。エージェントの行動と行動－状態価値関数 $q_\pi(s, a)$ の更新を並列に行うことができます。そして、行動－状態価値関数 $q_\pi(s, a)$ が更新されるのにあわせて、価値反復法の考え方に従って、対応する行動ポリシーも更新していきます。これが Q-Learning のアルゴリズムです。

もちろん、エピソードが完了して終了状態に到達しなければ、終了状態、すなわち、ゴール付近の行動－状態価値関数 $q_\pi(s, a)$ を学習することはできませんが、この後で説明する理由により、この方法では、一般にモンテカルロ法よりも早くゴールに近づくことができます。その結果、モンテカルロ法よりも効率的に学習を進めることができるのです。この点については、Q-Learning のアルゴリズムを実装したコードを実行しながら確認していきます。

ここからは、フォルダー「Chapter04」にある、次のノートブックに沿って説明を進めます。

- 05_Maze_Solver_Q_Learning.ipynb

このノートブックでは、前節のノートブック「04_Maze_Solver_Monte_Carlo.ipynb」と同じ問題、すなわち、迷路の中を移動するエージェントの学習にQ-Learningを適用します。内容が同じコードも多いので、共通する部分については、詳しい説明は割愛します。

はじめに、必要なモジュールをインポートして（[MQL-01]）、迷路のデータを格納したリストを返す関数 get_maze を定義します（[MQL-02]）。これらは、前節の [MMC-01]、[MMC-02] と同じです。次に、迷路を移動するエージェントを表す Agent クラスを定義します。これは、前節の [MMC-03] と比べると、初期化関数（コンストラクタ）における、行動－状態価値関数の初期化の方法が異なります。

[MQL-03]

```
 1: class Agent:
 2:   def __init__(self, maze):
 3:     self.maze = maze
 4:     size_y, size_x = len(maze), len(maze[0])
 5:     self.states = [(x, y) for x in range(size_x) for y in range(size_y)]
 6:     self.actions = [(0, -1), (-1, 0), (1, 0), (0, 1)]
 7:
 8:     self.policy = {}
 9:     for s in self.states:
10:       self.policy[s] = self.actions[np.random.randint(len(self.actions))]
11:
12:     self.q = {}
13:     for s in self.states:
14:       for a in self.actions:
15:         self.q[(s, a)] = 0
16:
 ... （以下省略）...
```

12〜15行目では、行動－状態価値関数 $q_\pi(s, a)$ の値をすべて0に初期化しています。これは、初期値をあえて大きくすることで、未学習の経路を積極的に探索させる戦略を用いるためです。今回の場合、エージェントは一歩進むごとに−1の報酬を得るので、ステップごとに行動－状態価値関数の値を(4.4)で更新すると、更新後の値は必ず負になります。特に同じ場所を何度も繰り返し移動しているとその付近の値がより小さくなっていくため、エージェントは、「この付近にとどまっていてもゴールに到達できない」ということを学習します。迷路の問題であれば、これには、ゴールに到達できない袋小路にはまり込むことを避ける効果があります。これが、先に触れた、モン

テカルロ法よりも早くゴールに到達できる理由になります。

　続いて、現在の行動 − 状態価値関数 $q_\pi(s, a)$ の値を用いて、特定の状態 s に対する行動ポリシー policy[s] を更新する関数 policy_update を定義します（[MQL-04]）。これは、前節の [MMC-05] と同じ内容です。

　次は、エージェントに迷路を移動させて、1回分のエピソードを取得する関数 get_episode を定義します。

[MQL-05]
```
 1: def get_episode(agent, epsilon, train):
 2:   episode = []
 3:   s = (1, 1)  # Start
 4:   while True:
 5:     if np.random.random() < epsilon:
 6:       a = agent.actions[np.random.randint(len(agent.actions))]
 7:     else:
 8:       a = agent.policy[s]
 9:
10:     r, s_new = agent.move(s, a)
11:     episode.append((s, a, r))
12:
13:     if train:
14:       agent.q[(s, a)] += 0.2 * (r + agent.q[(s_new, agent.policy[s_new])] - ag ↴
   ent.q[(s, a)])
15:       policy_update(agent, s)
16:
17:     x, y = s_new
18:     if agent.maze[y][x] == 'G':
19:       break
20:     s = s_new
21:
22:   return episode
```

　ここには、Q-Learning の本質的な処理が含まれています。エージェントは、エピソードのデータを集めると同時に、行動 − 状態価値関数と行動ポリシーの更新を並列に行います。オプション train には、この更新処理を行うかどうかをブール値で指定することができます。前節の [MMC-04] と比較すると、13 ～ 15 行目の処理が追加されており、train=True が指定された場合は、ステップごとに、行動 − 状態価値関数と行動ポリシーの更新を行います。具体的には、現在の状態を s として、ε-greedy ポリシーでアクショ

ンaを選択した後（5〜8行目）、このアクションに伴う報酬rと次の状態 s_new を取得します（10行目）。その後、これらの値を用いて、行動−状態価値関数の値を (4.4) で更新して（14行目）、さらに、状態sにおける行動ポリシー policy[s] を更新します（15行目）。報酬の割引き率は $\gamma = 1$ で、新しいデータで行動−状態価値関数を修正する重みは $\alpha = 0.2$ としています。

これをエージェントがゴールに至るまで繰り返した後に、エピソードに含まれるデータ (s, a, r) を集めたリスト episode を返します。今回の場合、これらのデータを用いた更新処理はすでに終わっていますが、後からエピソードの内容が確認できるように、このような実装にしてあります。

この後は、この処理を何度も繰り返せば、エージェントの学習処理を進めることができます。これを関数 train として実装します。

[MQL-06]

```
1: def train(agent, epsilon, num):
2:   episode_lengths = []
3:
4:   for _ in range(num):
5:     episode = get_episode(agent, epsilon, train=True)
6:     episode_lengths.append(len(episode))
7:
8:   return episode_lengths
```

ここでは、オプション epsilon とオプション num に、それぞれ、ε-greedy ポリシーに用いる ε の値と、エピソードを取得する回数を指定します。モンテカルロ法と異なり、学習中に ε の値を変化させる必要がない点にも注意してください。モンテカルロ法では、学習対象の行動ポリシーと学習データを集める行動ポリシーを一致させる必要があるため、ε を徐々に小さくするというテクニックが必要でした。一方、Q-Learning では、まったく無関係の行動ポリシーで集めたデータもそのままの形で利用できるため、適切なデータが収集できるポリシーを自由に選ぶことができます。ここでは簡単のために ε-greedy ポリシーを用いていますが、より複雑な問題の場合は、それぞれの問題の特性に応じた行動ポリシーを用いることもできます。

このコードでは、4〜6行目のループで、関数 get_episode を繰り返し実行しながら、それぞれで得られたエピソードの長さをリスト episode_lengths に保存しています。ループを抜けると、8行目で最後にこのリストを返却します。

これで、必要な準備がすべて終わりましたので、学習処理を行ってみます。はじめに、迷路のデータを取得して、Agentクラスのインスタンスを生成します。

[MQL-07]

```
1: maze = get_maze()
2: agent = Agent(maze)
```

　続いて、関数trainを実行して、学習処理を行います。$\varepsilon = 0.1$で、エピソードの取得回数は1,000回とします。

[MQL-08]

```
1: %%time
2: episode_lengths = train(agent, epsilon=0.1, num=1000)
```
```
CPU times: user 196 ms, sys: 0 ns, total: 196 ms
Wall time: 203 ms
```

　マジックコマンド%%timeで計測した実行時間は約0.2秒で、モンテカルロ法に比べて圧倒的に短い学習時間になっています。

　本当にこれで正しく学習できているのか、学習済みの行動ポリシーでエピソードを取得して確認してみます。ここでは、$\varepsilon = 0$、すなわち、ランダムなアクションは混ぜないという指定で実行します。また、オプションtrain=Falseを指定して、学習処理は行わずに、エピソードの取得だけを行います。

[MQL-09]

```
1: episode = get_episode(agent, epsilon=0, train=False)
2:
3: result = np.copy(agent.maze)
4: for (s, a, r) in episode:
5:   x, y = s
6:   result[y][x] = '+'
7: for line in result:
8:   print (''.join(line))
```

```
##############
#++++++      #
#        ++   #
#######+      #
#        ++    #
#    +++       #
#    +#######  #
#    ++        #
#      +++++G#
##############
```

　ここでは、エピソードに含まれるエージェントの移動経路を図示していますが、う
まく最短経路を学習できていることがわかります。

　最後に、学習中に取得したエピソードの長さをグラフに表示します。この部分のコー
ド（[MQL-10]）は、前節の [MMC-10] と同じで、実行結果は**図4.10**になります。前節
の**図4.9**と比較すると、エピソードの長さが短期間で大きく減少しており、最適な経
路を効率的に学習していることがわかります。

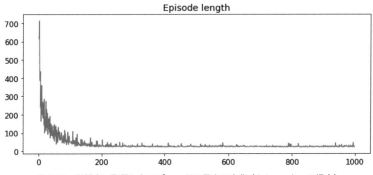

図4.10　学習中に取得したエピソードの長さの変化（Q-Learning の場合）

　実際のところ、これと同じコードを用いて、より大きなサイズの迷路を解くことも
できます。**図4.11**は、ノートブック「05_Maze_Solver_Q_Learning.ipynb」と同じコー
ドを用いて学習した例になります。迷路の定義部分を変更した他に、学習時のエピソー
ドの取得回数を5,000回に増やして実行しています。

```
####################################################
#++++#      #         #                  #   #      #
#  +#####  #     #    ########     #  ##### 
#  ++++++  #    ###   ###       #  ###### 
########+        #      #+++++++#########  ##### 
#       #+  #    ######    #+ #  ++++      #
#  #####+ ##    #      #+ #   +    # #      #
#  #+++++  #    #     #+ #   +   #   #      #
#  #+  #   #   ########+  # ####+#########  #
#  +++     #      #+++++  #    ++++++++++   #
#  +  ##########   #+     #              +##### 
#  +  #           #+      ###########    +++++# 
#  +###  ##########+            #   #    +#
#  +++#  #++++++++++  ######    #   #    +#
#   +    #+     #          #    ######  ### +#
#  +######+    #####   ########  #         +#
#  ++++++++   #      #        #        #  G#
####################################################
```

図4.11　Q-Learningで学習した最短経路の例

4.2.2 オンポリシーでのTD法：SARSA

　ここでは、前項で説明したQ-Learningに類似したアルゴリズムとして、SARSAを紹介します。歴史的には、はじめにSARSAが考案されて、その改良版としてQ-Learningが考え出されました。そのため、Q-Learningに比べていくつか不完全な部分があり、アルゴリズムとしてはQ-Learningの方が優れていると言えますが、SARSAとQ-Learningを比較することで、Q-Learningの優れた点がよりはっきりと理解できるでしょう。

　まず、Q-Learningとの重要な違いとして、SARSAは、オンポリシー、すなわち、学習対象の行動ポリシーと同一の行動ポリシーでデータを収集するという前提のアルゴリズムです。また、行動ポリシーとしては、確率的な要素を持った一般的な行動ポリシーπを想定します。つまり、状態sにおいて、アクションaを選択する条件付き確率が$\pi(a \mid s)$として与えられています。この場合、前項で示した行動−状態価値関数に対するベルマン方程式(4.3)は、次のように修正する必要があります。

$$q_\pi(s,a) = \sum_{(r,s')} \sum_{a'} \pi(a' \mid s') p(r, s' \mid s, a) \{r + \gamma q_\pi(s', a')\} \tag{4.5}$$

　なぜなら、この場合、(4.1)の右辺にある$v_\pi(s')$は次の関係を用いて書き直すこと

ができないからです。

$$v_\pi(s') = q_\pi(s', \hat{\pi}(s'))$$

この代わりに、「3.1.1 『一手先読み』による行動ポリシーの改善」の (3.4) に示した、次の関係を用います[注8]。

$$v_\pi(s') = \sum_{a'} \pi(a' \mid s') q_\pi(s', a')$$

これを (4.1) に代入すると、先ほどの (4.5) が得られます。これは、Greedy ポリシーに限定しない、より一般的な、行動－状態価値関数に対するベルマン方程式になっています。SARSA では、この関係式を用いて、行動－状態価値関数の値 $q_\pi(s,a)$ を更新します。

たとえば、行動ポリシー π でエージェントを行動させた結果、次のような状態変化が得られたとします。

$$S_0 \xrightarrow[A_0]{} (R_1, S_1) \xrightarrow[A_1]{} (R_2, S_2) \xrightarrow[A_2]{} \cdots$$

このエピソードの冒頭に含まれるデータ $(S_0, A_0, R_1, S_1, A_1)$ に着目すると、これらは (4.5) の (s, a, r, s', a') に対応すると考えられます。実際には、$r,\ s',\ a'$ は確率的に得られるものですが、上記の5つ組のデータ $(S_0, A_0, R_1, S_1, A_1)$ を集めて平均値を取ることで、(4.5) の右辺を近似的に再現できます。また、同様の5つ組は、次のステップからも $(S_1, A_1, R_2, S_2, A_2)$ として取得できます。そこで、一般に、エピソードに含まれる $s \xrightarrow[a]{} (r, s') \xrightarrow[a']{}$ というそれぞれのパートを用いて、次の修正を行います。

$$q_\pi(s,a) \longrightarrow q_\pi(s,a) + \alpha \left\{ r + \gamma q_\pi(s',a') - q_\pi(s,a) \right\} \qquad (4.6)$$

これにより、(4.5) による更新を近似的に再現できて、行動－状態価値関数 $q_\pi(s,a)$ は正しい値に近づいていくと期待できます。エピソードのデータを収集しながら、(4.6) の更新と、さらには、Greedy ポリシーを用いた行動ポリシーの更新を並列に行うのが、

注8　変数を表す文字は、ここでの文脈にあわせて変更しています。

SARSAのアルゴリズムになります[注9]。

——と、ここまで説明したところで、実は、この説明には矛盾があることに気づいたでしょうか？　まず、SARSAでは、データを収集するための行動ポリシーπは、学習対象の行動ポリシーπに一致する必要があります。さもなくば、エピソードに含まれる5つ組$(S_0, A_0, R_1, S_1, A_1)$を$(4.5)$における$(s, a, r, s', a')$に対するサンプルとみなすことができません。$(4.5)$に含まれる$a'$は行動ポリシー$\pi(a' \mid s')$に従って確率的に選ばれている点に注意してください。

つまり、Q-Learningとは異なり、SARSAの場合は、学習対象とは異なるε-greedyなどの行動ポリシーで学習データを収集することはできないのです。必ず、学習対象の行動ポリシーでデータを収集する必要があります。しかしながら、いったん、Greedyポリシーを用いて行動ポリシーを更新すると、更新後の行動ポリシーにはランダムな行動が含まれず、状態遷移に確率的な要素がなければ、すべてのエピソードが同一の経路になります。これでは、学習に必要となるさまざまな経路のデータが収集できません。状態遷移に確率的な要素があったとしても、行動ポリシーが固定されていれば、収集されるデータには大きな偏りが生じるでしょう。

SARSAのアルゴリズムを実装する際は、この点に関して、アルゴリズムの厳密性を犠牲にした妥協を行います。実際にエピソードのデータを収集する際は、学習対象のGreedyポリシーに対して、確率εでランダムな行動を混ぜたε-greedyポリシーでエージェントを行動させるのです。このため、ランダムな行動が混ざったデータを本来の行動ポリシーに基づいたデータと勘違いした状態で学習処理が進みます。結果として、厳密な意味での最善の行動ポリシーにたどり着くことはできなくなりますが、それでも十分に有用な行動ポリシーが学習できれば、実用的には問題ないだろうと考えるのです。

それでは、実際のところ、どのような学習結果が得られるのでしょうか？　コードを実行して確認してみることにしましょう。前項のノートブック「05_Maze_Solver_Q_Learning.ipynb」のアルゴリズムをQ-LearningからSARSAに修正したものが、フォルダー「Chapter04」にある、次のノートブックに用意されています。

- 06_Maze_Solver_SARSA.ipynb

注9　SARSAという名前は、学習時に使用する5つ組(s, a, r, s', a')に由来します。

先ほどの「05_Maze_Solver_Q_Learning.ipynb」と異なるのは、エピソードを取得しながら学習処理を行う関数get_epsodeの部分になります。

[MSA-05]

```
 1: def get_episode(agent, epsilon, train):
 2:   episode = []
 3:   s = (1, 1)  # Start
 4:   if np.random.random() < epsilon:
 5:     a = agent.actions[np.random.randint(len(agent.actions))]
 6:   else:
 7:     a = agent.policy[s]
 8:
 9:   while True:
10:     r, s_new = agent.move(s, a)
11:     episode.append((s, a, r))
12:
13:     if np.random.random() < epsilon:
14:       a_new = agent.actions[np.random.randint(len(agent.actions))]
15:     else:
16:       a_new = agent.policy[s]
17:
18:     if train:
19:       agent.q[(s, a)] += 0.2 * (r + agent.q[(s_new, a_new)] - agent.q[(s, a)])
20:       policy_update(agent, s)
21:
22:     x, y = s_new
23:     if agent.maze[y][x] == 'G':
24:       break
25:     a = a_new
26:     s = s_new
27:
28:   return episode
```

　3行目で初期状態sをスタートの位置にセットして、4〜7行目で最初のアクションaをε-greedyポリシーで選択します。その後、10行目で、アクションに伴う報酬rと次の状態s_newを取得します。Q-Learningであれば、ここまでのデータが揃えば、(4.4)による行動−状態価値関数$q_\pi(s,a)$の修正ができますが、SARSAの場合は、さらにもう一歩先のアクションa_newが必要になります。13〜16行目でこれを取得して、18〜20行目で、行動−状態価値関数の修正と対応する行動ポリシーの更新を行います。

　この後は、新しい状態s_newと新しく選択したアクションa_newを現在の状態s、

および、次のアクションaに再セットして（25〜26行目）同じ処理を繰り返していきます。ゴールに到達したところでループを抜けて（22〜24行目）、エピソードに含まれるデータを返します（28行目）。

　その後、Q-Learningの場合と同じく$\varepsilon = 0.1$で、エピソード1,000回分の学習を行います。該当部分のコードは、次になります。

[MSA-08]

```
1: %%time
2: episode_lengths = train(agent, epsilon=0.1, num=1000)
```

```
CPU times: user 329 ms, sys: 4.14 ms, total: 333 ms
Wall time: 340 ms
```

　学習にかかる時間は、Q-Learningの場合（[MQL-08]）とほぼ同等です。続いて、学習済みの行動ポリシーでエピソードを取得すると、次のようになります。

[MSA-09]

```
1: episode = get_episode(agent, epsilon=0, train=False)
2:
3: result = np.copy(agent.maze)
4: for (s, a, r) in episode:
5:   x, y = s
6:   result[y][x] = '+'
7: for line in result:
8:   print (''.join(line))
```

```
###########
#+++++++++#
#        +#
######   +#
#        +#
#  +++++++#
#  +######
#  +      #
#  +++++++G#
###########
```

　ここでは、$\varepsilon = 0$を指定して、ランダムな行動は混ぜないようにしていますが、最短の経路を学ぶことはできていないようです。先に説明したように、SARSAでは、ランダムな行動が混ざったデータを本来の行動ポリシーに基づいたデータとみなして学習します。そのため、学習結果にこのような変動が発生します。モンテカルロ法と

同様に、学習を進めるにつれて ε の値を小さくするなどの工夫もできますが、そこまでの労力をかけるのであれば、素直にQ-Learningを利用した方が得策でしょう。学習中に取得したエピソードの長さをグラフに図示した結果（[MSA-10]）は、**図4.12**になります。学習の効率という観点では、Q-Learningとそれほど大きな違いはなさそうです。

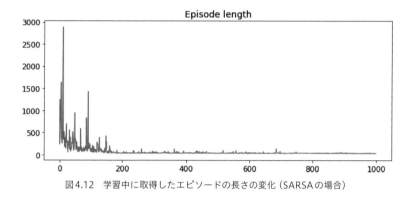

図4.12　学習中に取得したエピソードの長さの変化（SARSAの場合）

最後にもう一度、SARSAとQ-Learningの違いを確認しておきましょう。本質的には、行動−状態価値関数に対するベルマン方程式（4.5）を利用する際に、右辺に含まれる $q_\pi(s',a')$ に代入するアクション a' が異なるというだけです。SARSAの場合は、エピソードに含まれる次のアクションを素直に利用するのに対して、Q-Learningの場合は、実際に選択したアクションは無視して、本来の行動ポリシー（Greedyポリシー）で選択されるべきアクション $\hat{\pi}(s')$ を代入します。このわずかな修正により、Q-Learningでは、データを集めるのに使用した行動ポリシーとは関係なく、本来の行動ポリシーに対する行動−状態価値関数を推定することに成功しているのです。

また、モンテカルロ法とは異なるTD法のメリットに、非エピソード的タスクにも適用できるという点があります。モンテカルロ法の場合、エピソードが完了して総報酬が確定するまで、行動−状態価値関数を更新できないため、終了状態が存在しない非エピソード的タスクには、そもそも適用することができません。一方、TD法の場合は、エピソードのデータを収集しながら、行動−状態価値関数の更新を並列に行うので、このような制限がなく、非エピソード的タスクにも適用することが可能です。

演習問題

Q1　ノートブック「02_Gambler's_Problem_Value_Estimation.ipynb」で用いた**図 4.4**の行動ポリシーは、手持ちのポイントを100にするための最善の行動ポリシーです。これを次のように修正します。まず、手持ちのポイントが1〜49の場合は、手持ちのポイントを50にするための最善の行動ポリシーを与えます。一方、手持ちのポイントが50以上の場合は、**図4.4**のままとします。この場合、対応する状態価値関数は元の行動ポリシーと変わらないことを実際のコードで確認してください。

　また、ここからさらに修正を加えます。手持ちのポイントが51〜99の場合に、その中の50ポイントは無視して手持ちのポイントは1〜49と考えた上で、これを50ポイントにするための最善の行動ポリシーを与えます。この修正を加えた後も、対応する状態価値関数は元の行動ポリシーと変わらないことを実際のコードで確認してください。

Q2　ノートブック「05_Maze_Solver_Q_Learning.ipynb」、および、「06_Maze_Solver_SARSA.ipynb」で用いた迷路を**図4.13**のように修正します。上部の「-------」は「崖」になっており、ここに移動すると、−100の報酬と共に、スタート地点（S）に戻るものとします。この迷路をQ-LearningとSARSAで学習した場合、学習結果にどのような違いが現れるかを確認してください。

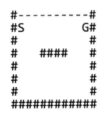

図4.13　崖に沿って歩く迷路

解答

A1　コード例は、フォルダー「Chapter04」にある、次のノートブックを参照してください。

- 07_Gambler's_Problem_Optimal_Policies.ipynb

問題で指定された2種類の行動ポリシーに対する結果は、それぞれ、**図4.14**、および、**図4.15**になります。どちらも状態価値関数の値は、**図4.4**と同じになっています。

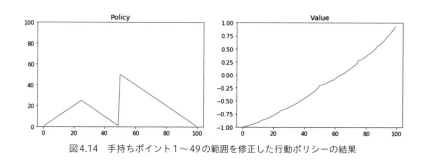

図4.14　手持ちポイント1〜49の範囲を修正した行動ポリシーの結果

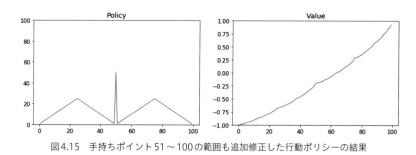

図4.15　手持ちポイント51〜100の範囲も追加修正した行動ポリシーの結果

問題には与えられていませんが、この考え方を再帰的に用いると、**図4.16**の例も考えられます。これは、**図4.15**において、手持ちのポイントが1〜49の範囲と、51〜99の範囲を同じ考え方で追加修正したものです。対応する状態価値関数の値は、やはり**図4.4**と同じになります。つまり、**図4.14**〜**図4.16**の行動ポリシーは、すべて最善の行動ポリシーになっています。

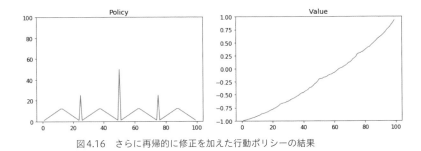

図4.16　さらに再帰的に修正を加えた行動ポリシーの結果

A2　コード例は、フォルダー「Chapter04」にある、次のノートブックを参照してください。

• 08_Maze_Solver_Q_Learning_vs_SARSA.ipynb

　実行結果は、**図4.17**のようになります。SARSAの場合は、実行ごとに結果が変わることがありますが、典型的にはこのような結果が得られます[注10]。Q-Learningでは最短経路が学習できているのに対して、SARSAは大きく遠回りする経路になっています。これは、ε-greedyポリシーでエピソードを収集した場合、「崖」の付近を通る経路では、ランダムな行動で崖に落ちて報酬が大きくマイナスになることが多いためです。Q-Learningでは、ε-greedyポリシーによるランダムな行動による結果と、学習対象となる本来の行動ポリシーによる結果を区別するので問題ありませんが、SARSAの場合は、これを学習対象の行動ポリシーによる結果とみなすため、ランダムな行動でも崖に落ちないよう、遠回りする経路を学習してしまいます。

Q-Learningによる学習結果　　　　SARSAによる学習結果

図4.17　Q-LearningとSARSAによる学習結果の違い

注10　このノートブックの最後のセル[MQS-10]は、しばらく待っていても実行が終わらないことがあります。これは、SARSAのエージェントがゴールに至る経路をうまく発見できないことが原因です。そのような場合は、セルの左にあるボタンで実行を中止してから、再度、実行をやり直してください。本文中で用いたノートブック「06_Maze_Solver_SARSA.ipynb」でも、まれに同様の現象が発生します。

5

ニューラルネットワークによる関数近似

5.1 ニューラルネットワークによる状態価値関数の計算

本章では、ニューラルネットワークを用いて、状態価値関数$v_\pi(s)$、あるいは、行動－状態価値関数$q_\pi(s, a)$を近似的に計算する方法を説明します。ニューラルネットワークが登場する以前は、ニューラルネットワークとは異なる一般的な関数を用いることもありましたが、近似の精度に限界があるために実用性は高くありませんでした。その後、機械学習の世界でニューラルネットワークの研究が進む中、強化学習でもニューラルネットワークが活用されるようになりました。ニューラルネットワークを用いることで、より高い精度での近似が可能になり、実用的な応用が可能になったのです。

次節の「5.2　ニューラルネットワークを用いたQ-Learning」では、特に、行動－状態価値関数$q_\pi(s, a)$をニューラルネットワークで表現した上で、Q-Learningのアルゴリズムに基づいて、ニューラルネットワークに含まれるパラメーターをチューニングする手法を説明します。これは、DQN（Deep Q Network）という名称で有名になったアルゴリズムです。本節では、DQNの説明準備として、まずは、強化学習における一般的な関数近似の考え方、そして、固定的な行動ポリシーπに対して、対応する状態価値関数$v_\pi(s)$をニューラルネットワークで計算する方法を説明します。

5.1.1　関数近似の考え方

これまで、ベルマン方程式を用いた動的計画法やQ-Learningなど、最善の行動ポリシーπ_*を発見するためのアルゴリズムを解説してきました。すべてのアルゴリズムに共通しているのは、既存の行動ポリシーπに対する状態価値関数$v_\pi(s)$、あるいは、行動－状態価値関数$q_\pi(s, a)$を求めて、これに基づいて行動ポリシーを改善していくという手法です。具体的なコードとしては、状態価値関数を表すディクショナリー型の変数value、あるいは、行動－状態価値関数を表すディクショナリー型の変数qを用意した上で、それぞれの状態s、あるいは、状態とアクションのタプル(s, a)に対する値をvalue[s]、もしくは、q[(s, a)]として保存するという実装を行ってきました。

しかしながら、この実装は、状態数が爆発的に増えた時に対応ができなくなります。すべての状態に対応する値を保存するだけのメモリーが確保できなくなるからです。たとえば、「3.3.1　三目並べ」で用いたノートブック「04_Tic_Tac_Toe.ipynb」のコー

ドでは、Agentクラスのインスタンス変数statesに、ゲーム中に取り得るすべての盤面の状態を保存しました。この変数に含まれる要素数を確認すると、全部で3,793通りの状態があることがわかります。この程度であれば、これらすべての状態をキーとして、対応する値を保存するディクショナリーを用意するのは簡単です。一方、より複雑なゲーム、たとえば囲碁の場合を考えると、そうはいきません。囲碁の場合、取り得る盤面の状態は10^{172}に近いとも言われています。1P（ペタ）$= 10^{12}$という関係を思い出すと、これだけの状態に対応する値を個別に保存するのは不可能だとわかります。

そこで用いるのが関数近似の手法です。これは、個々の状態sに対して、状態価値関数の値$v_\pi(s)$を個別に記憶するのではなく、何らかの計算式を用いて、$v_\pi(s)$が計算できるようにしようというものです。たとえば、「2.3.2 動的計画法による計算例（① 1次元のグリッドワールド）」で用いた、1次元のグリッドワールドの例を思い出してください。**図5.1**は、以前の**図2.19**を再掲したものですが、右端（$s = 7$）が報酬+1を得られるゴール地点で、一歩進むごとに−1の報酬が与えられるという環境において、常に右に移動する行動ポリシーに対する状態価値関数の値を示します。

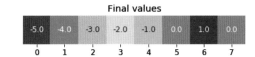

図5.1　1次元のグリッドワールドにおける状態価値関数の例

これは、終了状態（$s = 7$）を除き、右に向かって直線的に値が増えているので、状態sに対する一次関数ととらえることができます。つまり、wとbをある定数として、次のように表すことができます。

$$v_\pi(s) = ws + b \ (s = 0, 1, \cdots, 6) \tag{5.1}$$

そこで、状態価値関数$v_\pi(s)$をディクショナリー型の変数として用意するのではなく、次のようなクラスとして実装することを考えます。

```
1: class StateValue:
2:   def __init__(self, w, b):
3:     self.w = w
```

```
4:     self.b = b
5:
6:   def get_value(self, s):
7:     w = self.w
8:     b = self.b
9:     return w * s + b
```

このコードでは、定数wとbをインスタンス変数w、bとして保持しており、この2つの値をチューニングすることで、**図5.1**の状態価値関数$v_\pi(s)$を再現することができます。つまり、このクラスのインスタンスをstate_valueとして、get_valueメソッドが返す値state_value.get_value(s)が正しい値になるようにインスタンス変数wとbを更新するアルゴリズムを考え出せば、それぞれの状態に対する値を保存するディクショナリーを用意する必要がなくなります。

　もちろんこれは、状態価値関数$v_\pi(s)$が一次関数になることが最初からわかっている作為的な例で、実際にはこれほど簡単にはいきません。たとえば、「3.3.2　レンタカー問題」で扱った問題では、最終的に**図3.16**（上）のような状態価値関数が得られました。これを何らかの数学的な関数で表すというのは、それほど簡単ではありません。しかしながら、最初に用意する関数として、多数のパラメーター（先の例では、wとbにあたるチューニング対象の定数）を含む、ある程度複雑なものを用意しておけば、近似的に正しい値を再現することは不可能ではありません。

　ここでは、パラメーターを多数含む関数として、ニューラルネットワークを利用します。ニューラルネットワークについては、さまざまな説明がなされるようですが、数学的には、入力値に対して一定のルールで計算した結果を出力する「関数」にすぎません。極端な言い方をすれば、先ほどの一次関数もニューラルネットワークの仲間になります。また、この後で説明するように、TensorFlow/Kerasなど、ニューラルネットワークを扱うためのライブラリーを用いれば、複雑なニューラルネットワークも簡単なコードで実装して、収集データを用いた学習処理を実施できます。次項では、具体的なコードとして、これを実装していきます。

▎5.1.2　強化学習におけるニューラルネットワークの学習方法

　ここでは、学習データを用いてニューラルネットワークのパラメーターをチューニングする方法を説明します。先ほど、ニューラルネットワークは、「入力値に対して

一定のルールで計算した結果を出力する関数」と説明しましたが、具体的には、**図5.2**の「ニューロン」を構成要素として、これを多段に連結したものになります。図に示した1つのニューロンは、n個の入力値$(x_1, \cdots, x_n)$から次の2つの計算を組み合わせて、1つの値zを出力します。

$$f(x_1, \cdots, x_n) = w_1 x_1 + w_2 x_2 + \cdots + w_n x_n + b$$
$$z(x_1, \cdots, x_n) = h(f(x_1, \cdots, x_n))$$

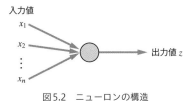

図5.2　ニューロンの構造

　はじめの$f(x_1, \cdots, x_n)$は普通の一次関数です。係数$w_1, \cdots, w_n$と定数項bがチューニング対象のパラメーターとなります。その次の$h(x)$は活性化関数と呼ばれるもので、いくつかの選択肢がありますが、ここでは、**図5.3**に示した関数ReLU（Rectified Linear Unit）を用います。図からもわかるように、入力値が負の場合に、これを強制的に0に置き換える関数です。結局のところ、「一次関数を適用した後に、負の値を強制的に0に置き換える」というのがニューロンの役割になります。

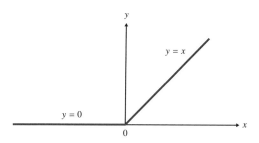

図5.3　ReLU（Rectified Linear Unit）のグラフ

　もちろん、これだけでは、先の「レンタカー問題」で見たような複雑な状態価値関数を表現することはできません。ニューロンを組み合わせることで、より複雑な関数を表現しようというのが、ニューラルネットワークの考え方です。典型例としては、

図5.4のような多層型の「フィードフォワードネットワーク」を構成します。この例
では、最初の入力値は2次元のグリッドワールド上の座標(x_1, x_2)を想定していますが、
これを4種類の異なるニューロンに入力して、4つの出力値を得ます。さらにこれら
を2種類のニューロンに入力して、2つの出力値を得ます。最後にこれらを出力用のニューロ
ンに入力して、最終的な出力値zを得ます。このように多数のニューロンを多層に
組み合わせることで、より複雑な関数を作り出そうというのが、ニューラルネットワー
クの考え方です。

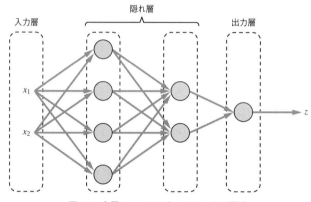

図5.4 多層ニューラルネットワークの構造

図5.4に示したように、入力値を与える部分を「入力層」、中間部分の層を「隠れ層」、
最後の出力用のニューロンを持つ層を「出力層」と言います。そして、出力層のニュー
ロンは、他のニューロンとは活性化関数が異なる点に注意してください。たとえば、
状態価値関数を表現したい場合、出力層のニューロンに活性化関数としてReLUを適
用すると、出力値は必ず正の値になり、負の値を表現することができません。そこで、
最後のニューロンだけは活性化関数を適用せず、一次関数の値をそのまま出力値とし
ます。

そして次に考えないといけないのが、ニューロンに含まれるパラメーター、すなわ
ち、一次関数の係数$w_1, \cdots, w_n$、および、定数項bのチューニング方法です。ニュー
ラルネットワークをチューニングする際は、基本的には、正解データを用いたバッチ
処理を行います。入力値$(x_1, \cdots, x_n)$とこれに対して期待される出力値（正解ラベル）
tを組み合わせた学習データを用意しておき、実際の出力結果yが与えられた正解ラ

ベル t に近づくようにパラメーターを少しずつ修正していきます。たとえば、前項の**図5.1**の例であれば、**表5.1**のような学習データがあればよいことになります。

―― しかしながら、現実にはこのようなデータを用意することは不可能です。そもそも、状態価値関数の取るべき値が最初からわかっていれば、学習処理を行う必要すらないでしょう。

表5.1　図5.1の状態価値関数 $v_\pi(s)$ の学習データ（？）

状態 s	正解ラベル t
0	-5.0
1	-4.0
2	-3.0
3	-2.0
4	-1.0
5	0.0
6	1.0

　ここで登場するのがTD法の考え方です。前章で説明したTD法、たとえば、Q-Learningにおいては、エピソードのデータを収集すると同時に、行動－状態価値関数に対するベルマン方程式 (4.3) を用いて、行動－状態価値関数の値 $q_\pi(s,a)$ を修正していきました。(4.4) の修正方法を思い出すと、これは、収集データ (s,a,r,s') に基づいて、$q_\pi(s,a)$ の値が $r + \gamma q_\pi(s',\hat{\pi}(s'))$ に近づくように修正していることに他なりません。今は状態価値関数について考えているので、次の状態価値関数に対するベルマン方程式に置き換えて考えます。

$$v_\pi(s) = \sum_a \pi(a \mid s) \sum_{(r,s')} p(r,s' \mid s,a) \{r + \gamma v_\pi(s')\} \tag{5.2}$$

　この関係を見れば、収集データ (s,r,s') に基づいて、$v_\pi(s)$ の値が $r + \gamma v_\pi(s')$ に近づくように修正すればよいことがわかります。**図5.1**のグリッドワールドの場合、常に右に移動するという行動ポリシー π に従うならば、**表5.2**の左端の列に示したデータが収集されます。これをもとにして、その右にある学習データ、すなわち、状態 s、および、対応する状態価値関数 $v_\pi(s)$ に対する正解ラベル $t = r + v_\pi(s')$ が得られます[注1]。この時、$s = 7$ は終了状態なので、対応する状態価値関数の値は定義より

注1　この問題では、報酬の割引率は $\gamma = 1$ でした。

$v_\pi(7) = 0$になります。終了状態に対する状態価値関数の値は、ニューラルネットワークで計算するのではなく、決め打ちで0にするものとしてください。

表5.2　図5.1の状態価値関数$v_\pi(s)$の学習データ

収集データ(s, r, s')	状態s	正解ラベルt
$(0, -1, 1)$	0	$-1 + v_\pi(1)$
$(1, -1, 2)$	1	$-1 + v_\pi(2)$
$(2, -1, 3)$	2	$-1 + v_\pi(3)$
$(3, -1, 4)$	3	$-1 + v_\pi(4)$
$(4, -1, 5)$	4	$-1 + v_\pi(5)$
$(5, -1, 6)$	5	$-1 + v_\pi(6)$
$(6, 1, 7)$	6	$1 + v_\pi(7) = 1$

　そして、これらを学習データとしてニューラルネットワークに含まれるパラメーターを徐々に修正するわけですが、**表5.2**の正解ラベルの値は、学習に伴って変化する点に注意してください。具体的には、次のような流れになります。はじめは、状態価値関数$v_\pi(s)$を表すニューラルネットワークのパラーメーターを、適当な値で初期化しておきます。そして、このニューラルネットワークを用いて、それぞれの状態sに対する正解ラベルの値$-1 + v_\pi(s)$を計算した後に、このデータを用いて、ニューラルネットワークの学習、すわなち、パラメーターの修正を行います。

　初期状態のニューラルネットワークが出力する値は不正確なので、そこから計算される正解ラベルも不正確で意味がないようにも思われますが、この例の場合、終了状態の手前にある$s = 6$に対する値$t = 1$は正確です。そのため、少なくとも$s = 6$に対する出力値$v_\pi(6)$は、正しい値に近づくように学習されます。そこで、先ほど学習したニューラルネットワークを用いて、正解ラベルの値を再計算すれば、今度は、$v_\pi(6)$を用いて計算される$s = 5$に対する正解ラベルも正しい値に近づいています。このようにして、正解ラベルの計算とそれを用いた学習処理を交互に繰り返すことで、ニューラルネットワークの出力値は、すべての状態について正しい値に近づくと期待することができます。

　これは、本質的には、ベルマン方程式を用いた動的計画法と同じ考え方です。ベルマン方程式を用いて状態価値関数の修正を繰り返すと、終了状態に近い部分の値が伝搬していき、最終的にすべての状態について正しい値が得られました。今回の場合は、状態価値関数の値そのものを修正するのではなく、ニューラルネットワークが出力す

る値が期待される値に近づくよう、ニューラルネットワークのパラメーターを修正するというわけです。また、学習データを用いてパラメーターを修正するアルゴリズム（勾配降下法）は、TensorFlow/Kerasなどのライブラリーに実装されていますので、この部分を自分で用意する必要はありません。

それでは、この手続きをPythonのコードで実装して、期待通りの学習が行われるか確認してみましょう。ここでは、1次元のグリッドワールドと2次元のグリッドワールドの2つの例を紹介します。

❶ 1次元のグリッドワールド：一次関数による近似例

ここでは、**図5.1**の例における状態価値関数の値$v_\pi(s)$をニューラルネットワークで表現した上で、先に説明した、**表5.2**のデータを用いた方法で学習してみます。ニューラルネットワークの学習処理には、TensorFlow/Kerasを使用します。ただし、この問題の場合、正しい状態価値関数は一次関数で表されることがわかっているので、**図5.4**のような多層型のニューラルネットワークではなく、(5.1)に示した一次関数を用います[注2]。答えを先取りした「ズルい」方法ですが、まずは、TensorFlow/Kerasの使い方を理解して、期待通りの結果が得られることを確認しましょう。

ここからは、フォルダー「Chapter05」にある、次のノートブックに沿って解説していきます。

- 01_Neural_Network_Policy_Estimation_1.ipynb

はじめに、TensorFlowのバージョンを2系に指定します。

[NP1-01]
```
1: %tensorflow_version 2.x
```

これは、Colaboratoryに固有の操作です。Colaboratoryでは、使用するTensorFlowのバージョンが選べるようになっており、ここでは2系を使用するように指定しています。続いて、必要なモジュールをインポートします。

注2　隠れ層を持たず、入力層と出力層だけからなるものと考えれば、一次関数もニューラルネットワークの仲間になります。

```
1: import numpy as np
2: from tensorflow.keras import layers, models
```

　ここでは、NumPyライブラリーに加えて、TensorFlowに付属のKerasライブラリーから、layersとmodelsの2つのモジュールをインポートしています。これらのモジュールは、この後、ニューラルネットワークを定義する際に使用します[注3]。

　続いて、グリッドワールドの環境を表すGridworldクラスを定義します。

[NP1-03]

```
 1: class Gridworld:
 2:   def __init__(self, size=8, goals=[7]):
 3:     self.size = size
 4:     self.goals = goals
 5:     self.states = range(size)
 6:
 7:   def move(self, s, a):
 8:     if s in self.goals:
 9:       return 0, s        # Reward, Next state
10:
11:     s_new = s + a
12:
13:     if s_new in self.goals:
14:       return 1, s_new    # Reward, Next state
15:
16:     if s_new not in self.states:
17:       return -1, s       # Reward, Next state
18:
19:     return -1, s_new     # Reward, Next state
```

　ここでは、この問題に必要な最低限度の実装をしています。2〜5行目の初期化関数（コンストラクタ）では、状態数と終了状態の位置をオプションで指定できますが、どちらもデフォルトは、**図5.1**の環境に一致するようにしてあります。$s = 0, \cdots, 7$の8個の状態があり、一番右の$s = 7$が終了状態です。7〜19行目のmoveメソッドは、状態とアクションを与えると、報酬と次の状態が返ります。終了状態に到達すると+1の報酬が与えられ（13〜14行目）、それ以外の場合は−1の報酬が与えられます（16

注3　TensorFlowはニューラルネットワークの学習処理に必要な機能を総合的に提供するライブラリーですが、その中で、Kerasはニューラルネットワークを定義するための標準化されたAPIを提供します。

〜19行目）。

　続いて、状態価値関数の値$v_\pi(s)$をニューラルネットワークで計算するStateValueクラスを定義します。

[NP1-04]

```
 1: class StateValue:
 2:   def __init__(self, goals):
 3:     self.goals = goals
 4:     self.model = self.build_model()
 5:
 6:   def build_model(self):
 7:     state = layers.Input(shape=(1,))
 8:     value = layers.Dense(1)(state)
 9:     model = models.Model(inputs=[state], outputs=[value])
10:     model.compile(loss='mse')
11:     return model
12:
13:   def get_value(self, s):
14:     if s in self.goals:
15:       return 0
16:     input_states = [np.array([s])]
17:     output_values = self.model.predict([np.array(input_states)])
18:     value = output_values[0][0]
19:     return value
```

　まず、初期化関数（コンストラクタ）では、オプションgoalsで終了状態のリストを受け取ります。これは、終了状態に対する状態価値関数の値を返す際は、ニューラルネットワークで計算するのではなく、デフォルトで0を返すようにするためです。4行目では、build_modelメソッドでニューラルネットワークのモデルを生成したものをインスタンス変数modelに保存しています。

　ニューラルネットワークのモデルというのは、ニューラルネットワークの構成を保持するオブジェクトで、このモデルを用いて、状態価値関数の値を計算します。6〜11行目がbuild_modelメソッドの定義で、7〜9行目がニューラルネットワークを構成する部分です。一般には、**図5.4**のような多層構造のニューラルネットワークに対して、入力層から順に、各層の構成を定義していきます。今回は、**図5.5**のように、状態を表す1つの数値からなる入力層と、活性化関数を持たない一次関数のニューロンからなる出力層を構成することで、(5.1)の一次関数と同等のニューラルネットワー

クを用意します。

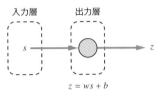

入力層　　　　　出力層

s　　　　　　　　　z

$z = ws + b$

図5.5　[NP1-04]で定義するニューラルネットワークの構造

　7行目は入力層の定義で、ニューラルネットワークに入力するデータの形式を指定します。入力データはNumPyのarrayオブジェクトが前提になっており、shapeオプションにリストとしてのサイズを指定します[注4]。一般には、多次元リストの入力値を用いることができますが、今回は、状態を表す数値sを1つ与えるだけなので、要素数が1つの1次元リストという意味でshape=(1,)という指定を行っています。仮に、14×14のサイズを持った2次元リストであれば、shape=(14, 14)という指定になります[注5]。

　8行目は出力層の定義で、model.Dense(1)は、一次関数のニューロンを1つだけ含む層を表します。一般には、オプションactivationに活性化関数を指定しますが、これを省略することで、活性化関数を持たないニューロンになります。後ろの(state)は、7行目で定義した入力層からの入力データを受け取るという意味です。最後に、9行目で、これらの定義をまとめて、ニューラルネットワーク全体を表すオブジェクトを生成しています。オプションinputsとオプションoutputsには、それぞれ、入力層と出力層を指定します。これらのオプションは、複数の入力層や出力層を持ったニューラルネットワークが構成できるように、リスト形式で値を受け取るようになっています。今回の場合は、どちらも1つだけの単純な構成になります。

　10行目は、ニューラルネットワークの学習処理、すなわち、学習データを用いてニューラルネットワークに含まれるパラメーターをチューニングする際に使用する誤差関数を指定しています。ここでは、loss='mse'により、平均二乗誤差を指定しています。具体的に言うと、入力値と正解ラベルの組を複数用意した際に、i番目の入力値から得られる出力値をz_i、対応する正解ラベルをt_iとして、次の「平均二乗誤差（Mean

---

注4　P.31のコラム「NumPyのarrayオブジェクト」で説明したように、arrayオブジェクトというのは、Pythonのリストに、数値計算に便利な機能を追加したものでした。

注5　オプションshapeは、タプル形式で値を指定する必要があります。要素数が1つの1次元リストであればshape=(1)と指定したくなりますが、(1)という表記はタプルと認識されないため、後ろに余分な , を付けて (1,) としています。

Squared Error)」を計算します。ここでは、用意したデータの総数を N としています。

$$E = \frac{1}{N} \sum_{i=1}^{N} (z_i - t_i)^2$$

　ニューラルネットワークによる計算は、あくまで近似計算ですので、一般には、すべてのデータに対して出力値と正解ラベルを正確に一致させることはできません。上記の平均二乗誤差をできるだけ小さくすることで、与えられたデータ全体にわたって、正解ラベルに近い値が出力されるようにチューニング処理が行われます。最後に11行目で、出来上がったモデルのオブジェクトを返します。学習前のモデルに含まれるパラメーターは、自動的に乱数で初期化されます。

　13～19行目のget_valueメソッドは、オプション s で指定された状態に対する状態価値関数の値をニューラルネットワークで計算して返します。14～15行目は、終了状態の時にデフォルトで0を返す処理で、16～18行目がニューラルネットワークによる計算部分です。本質的には、17行目にあるように、モデルのオブジェクトが持つpredictメソッドによって計算結果が得られます。

　16行目では、入力値を1次元のarrayオブジェクトに変換し、さらにそれをリストに入れていますが、これには、TensorFlow/Kerasに固有の2つの理由があります。まず、モデルに入力するデータは、7行目のオプション shape で指定したサイズのarrayオブジェクトにする必要があります。ここでは、要素数が1つの1次元リスト [s] にしたものをarrayオブジェクトに変換しています。そして、この後で用いるpredictメソッドでは、複数の入力データをリストで与えることで、それぞれに対する計算結果をまとめて得ることができるようになっています。今回は入力データは1つだけなので、これを1つだけ含むリストが16行目の input_states になります。

　次に、17行目でpredictメソッドに入力する際は、ふたたび、[np.array(input_states)]というリスト形式で渡しています。これは、9行目のモデルに対する入力層の指定に関係があります。先に説明したように、一般には、TensorFlow/Kerasのモデルは複数の入力層を持つことができます。そのような場合は、それぞれの入力層に対する入力データをリストにまとめて渡す必要があります。今回の場合、入力層は1つなので、先ほど用意した input_states だけを含むリストになります。TensorFlow/Kerasの仕様上、このリストに含まれる要素もまた、arrayオブジェクトに変換しておく必要があります。

このような準備の下にpredictメソッドを実行すると、今回は入力データは1つだけなので、結果が1つだけ入ったリストがoutput_valuesに返ります。その1つの要素を取り出すと、それはまた、入力データと同じで、要素が1つの1次元リスト形式になっているため、さらにその1つの要素を取り出すことで、通常のスカラー値としての計算結果が得られます。18行目でリストの最初の要素を取り出す処理[0]を2回行っているのはこれが理由です。

次は、ニューラルネットワークで計算された状態価値関数の値をまとめて表示する関数show_valuesを定義します。

[NP1-05]
```
1: def show_values(world, state_value):
2:   print('[', end='')
3:   for s in world.states:
4:     print('{:5.1f}'.format(state_value.get_value(s)), end=' ')
5:   print(']')
```

ここでは、図5.1のようなヒートマップを用いた表示ではなく、テキスト形式の簡易的な出力にしています。そして、次の関数get_episodeは、ランダムに選んだ状態からスタートして、終了状態に至るまでのエピソードのデータを収集します。

[NP1-06]
```
1:  def get_episode(world):
2:    episode = []
3:    s = np.random.randint(world.size-1)
4:    a = 1   # move to right
5:    while True:
6:      r, s_new = world.move(s, a)
7:      episode.append((s, r, s_new))
8:      if s_new in world.goals:
9:        break
10:     s = s_new
11:
12:   return episode
```

今回の問題の場合、収集されるデータは、先ほどの表5.2に示したものがすべてですが、あえてシミュレーションによってデータを収集するようにしています。この後

で扱うより複雑な問題では、どのようなデータが得られるか事前にはわからないので、モンテカルロ法やTD法と同様に、環境内でエージェントを行動させて学習データを収集する必要があります。5〜10行目のループで、常に右に移動するという行動ポリシーに従いながら、現在の状態s、得られた報酬r、次の状態s_newからなる3つ組のタプル(s, r, s_new)を集めていきます。

そして、いよいよ次が、収集したデータを用いてニューラルネットワークの学習を行うメインの処理になります。

[NP1-07]

```
 1: def train(world, state_value, num):
 2:   for c in range(num):
 3:     print('Iteration {:2d}: '.format(c+1), end='')
 4:
 5:     examples = []
 6:     for _ in range(100):
 7:       episode = get_episode(world)
 8:       examples += episode
 9:     np.random.shuffle(examples)
10:
11:     states = []
12:     labels = []
13:     for s, r, s_new in examples:
14:       states.append(np.array([s]))
15:       v_new = state_value.get_value(s_new)
16:       labels.append(np.array(r + v_new))
17:
18:     state_value.model.fit([np.array(states)], np.array(labels),
19:                           batch_size=50, epochs=100, verbose=0)
20:     show_values(world, state_value)
```

この関数trainは、学習データの収集と正解ラベルの計算、そして、ニューラルネットワークの学習という一連の処理を繰り返します。具体的には、100回分のエピソードのデータを収集した後に、それぞれのデータに対して**表5.2**の正解ラベルの値を計算します。そして、これを学習データとして、ニューラルネットワークの学習処理、すなわち、ニューラルネットワークに含まれるパラメーターのチューニングを行います。この一連の処理をオプションnumで指定された回数だけ繰り返します。

先に説明したように、ニューラルネットワークのパラメーターを更新すると、これ

から計算される正解ラベルの値も変化します。そのため、学習データを収集するごと
に、あらためて正解ラベルの再計算を行う必要がある点に注意してください。この問
題の場合、収集されるデータは表5.2に示した7種類しかありませんので、何度も学
習データを収集するのは無駄に見えるかもしれませんが、これは、より複雑な問題に
対応することを考えた実装です。特にこの後、行動ポリシーの更新を伴うQ-Learning
を実装する際は、行動ポリシーの変化によってエージェントの行動範囲、すなわち、
収集されるデータの範囲が変わりますので、エピソードのデータを継続的に収集する
ことが必須となります。

　コードの内容を具体的に説明すると、次のようになります。まず、この関数を呼び出
す際のオプションworldとstate_valueには、それぞれ、GridworldクラスとStateValue
クラスのインスタンスを渡します。そして、2〜20行目のループで先ほどの一連の処
理を繰り返します。6〜8行目のループでは、エピソードに伴うデータを100エピソー
ド分収集して、すべてのデータを1つのリストexamplesにまとめています。そして、
9行目では、このリストに含まれるデータの順番をランダムに入れ替えています。こ
れは、ニューラルネットワークの学習に固有の処理で、収集したデータの順序をラン
ダムに入れ替えることで学習結果に偏りが発生することを防止しています。

　その後、13〜16行目のループでは、収集したデータについて正解ラベルの値を計
算して、表5.2の右の2列にある学習データを用意しています。リストstatesに状
態sを保存して、リストlabelsに対応する正解ラベルtの値を保存します。そして、
18〜19行目では、モデルのオブジェクトが持つfitメソッドにこれらのデータを与
えることで、ニューラルネットワークの学習処理を実行します。これらのデータも
arrayオブジェクトで渡す必要があるため、18行目で必要な変換処理を行っています。
また、19行目のオプションは、ミニバッチと呼ばれる学習処理に関連するものです。
ニューラルネットワークの学習処理では、与えられたデータを一気にまとめて処理す
るのではなく、オプションbatch_sizeで指定された個数ごとに分割して、それぞれ
のグループごとに誤差関数を小さくするという処理を行います。そして、すべてのグ
ループのデータを処理したら、また頭に戻って学習処理を続けます。すべてのデータ
を1回だけ処理することを「1エポック」と呼びますが、1エポック分の処理をオプショ
ンepochsで指定された回数だけ繰り返します。これは、ニューラルネットワークに
含まれるパラメーターを徐々に修正していく、勾配降下法のアルゴリズムに固有の処

理方法になります[注6]。オプションverbose=0は学習処理中の冗長なログ出力を抑制するものです。

　20行目では、データの収集とそれを用いた学習処理が終わるごとに、その時点のニューラルネットワークが出力する状態価値関数の値を表示しています。学習が進むにつれて、出力がどのように変化するかを確認できるようにしてあります。

　これで必要な準備ができましたので、実際に学習処理を行ってみます。はじめに、Gridworldクラスと StateValue クラスのインスタンスを生成します。

[NP1-08]

```
1: world = Gridworld()
2: state_value = StateValue(goals=world.goals)
3: state_value.model.summary()
```

```
Model: "model"
_____
Layer (type)                 Output Shape              Param #
=================================================================
input_1 (InputLayer)         [(None, 1)]               0
_____
dense (Dense)                (None, 1)                 2
=================================================================
Total params: 2
Trainable params: 2
Non-trainable params: 0
_____
```

　StateValue クラスのインスタンスを生成する際は、終了状態のリストを与える必要がありますが、これは、Gridworldクラスのインスタンスから取得しています。また、3行目では、モデルのオブジェクトが持つsummaryメソッドで、定義されたニューラルネットワークの構成情報を出力しています。上記の出力結果を見ると、入力層（input_1）と出力層（dense）が存在することがわかります。また、Param #の列には、チューニング対象のパラメーターの数が示されています。今回の場合、出力層の実体は（5.1）の一次関数ですので、チューニング対象のパラメーターはwとbの2つであり、上記の出力はこれに合致しています。

注6　勾配降下法やミニバッチの詳細については、ニューラルネットワークに関する書籍（巻末の参考書籍[2]など）を参考にしてください。

続いて、関数trainを用いて学習処理を行います。ここでは、オプションnum=20を指定して、データ収集と学習処理のループを20回繰り返します。

[NP1-09]

```
1: train(world, state_value, num=20)
```

```
Iteration  1: [  0.1   0.7   1.4   2.1   2.8   3.5   4.2   0.0 ]
Iteration  2: [  0.2   0.6   1.0   1.3   1.7   2.1   2.4   0.0 ]
Iteration  3: [ -0.1   0.2   0.4   0.6   0.9   1.1   1.4   0.0 ]
Iteration  4: [ -0.8  -0.6  -0.3  -0.0   0.2   0.5   0.8   0.0 ]
Iteration  5: [ -1.5  -1.2  -0.8  -0.5  -0.2   0.1   0.5   0.0 ]
Iteration  6: [ -2.2  -1.8  -1.3  -0.9  -0.5  -0.1   0.4   0.0 ]
Iteration  7: [ -2.8  -2.3  -1.8  -1.2  -0.7  -0.2   0.3   0.0 ]
... (中略) ...
Iteration 16: [ -5.1  -4.0  -3.0  -2.0  -1.0  -0.0   1.0   0.0 ]
Iteration 17: [ -5.0  -4.0  -3.0  -2.0  -1.0   0.0   1.0   0.0 ]
Iteration 18: [ -5.0  -4.0  -3.0  -2.0  -1.0   0.0   1.0   0.0 ]
Iteration 19: [ -5.0  -4.0  -3.0  -2.0  -1.0   0.0   1.0   0.0 ]
Iteration 20: [ -5.0  -4.0  -3.0  -2.0  -1.0   0.0   1.0   0.0 ]
```

上記の出力結果を見ると、出力値は、**図5.1**の値へと徐々に近づいていくことがわかります。この例では、17回目の段階で正しい値に完全に一致しています[注7]。この問題の場合、正しい値が一次関数で表現できることは最初からわかっていましたが、期待通りの結果が得られたことになります。

❷ 2次元のグリッドワールド：ニューラルネットワークによる近似例

ここでは、単なる一次関数ではなく、**図5.4**のような多層ニューラルネットワークを用いるコードの例を紹介します。問題としては、「2.3.2　動的計画法による計算例（②2次元のグリッドワールド）」で得られた、**図2.23**の状態価値関数を再現することを目指します。この図を**図5.6**に再掲しておきます。

注7　-0.0のように、0にマイナス記号が付いている部分があるのは、出力上は切り捨てられている小数点2桁目以下に値が残っているためです。

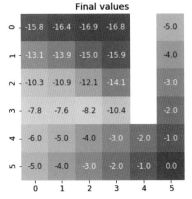

図5.6 2次元のグリッドワールドの状態価値関数の例

　これは、一歩進むごとに−1の報酬が得られるという条件の下、右、もしくは、下に$\frac{1}{2}$の確率で移動するという行動ポリシーπに従って、右下のゴール地点を目指すものでした。白抜き部分の「落とし穴」に落ちると、−1の報酬と共に左上の隅に戻ります。図に示された値は、この行動ポリシーに対する状態価値関数の値$v_\pi(s)$ですが、先ほどの1次元のグリッドワールドと同じ手続きで、これが再現できるか試してみます。状態価値関数を表すニューラルネットワークとしては、1層目に16個のニューロン、そして、2層目に8個のニューロンを持つ多層ニューラルネットワークを使用します。ここからは、フォルダー「Chapter05」にある、次のノートブックに沿って解説していきます。

- ● 02_Neural_Network_Policy_Estimation_2.ipynb

　先ほどのノートブック「01_Neural_Network_Policy_Estimation_1.ipynb」と類似した部分も多いので、ポイントを絞って説明を進めます。また、このノートブックでは、ニューラルネットワークの学習処理を高速化するために、GPUを接続したランタイムを使用しています。

　まず、TensorFlowのバージョン指定（[NP2-01]）とモジュールのインポート（[NP2-02]）については、先のノートブックと同じです。続いて、グリッドワールドの環境を表す Gridworld クラスを定義します。

[NP2-03]

```
1: class Gridworld:
2:   def __init__(self, size=6, traps=[(4, y) for y in range(4)]):
3:     self.size = size
4:     self.traps = traps
5:     self.start = (0, 0)
6:     self.goals = [(size-1, size-1)]
7:     self.states = [(x, y) for x in range(size) for y in range(size)]
8:
9:   def move(self, s, a):
10:    if s in self.goals:
11:      return 0, s                 # Reward, Next state
12:
13:    s_new = (s[0] + a[0], s[1] + a[1])
14:
15:    if s_new not in self.states:
16:      return 0, s                 # Reward, Next state
17:
18:    if s_new in self.traps:
19:      return -1, self.start       # Reward, Next state
20:
21:    return -1, s_new              # Reward, Next state
```

　先ほどのノートブックと同じく、この問題に必要な最低限度の実装をしています。2〜7行目の初期化関数（コンストラクタ）では、グリッドワールドのサイズと落とし穴の位置がオプションで指定できますが、どちらもデフォルトは、**図5.6**の環境に一致するようにしてあります。9〜21行目のmoveメソッドは、状態とアクションを与えると、報酬と次の状態を返します。「落とし穴」に落ちると−1の報酬と共に左上の隅に戻ります（18〜19行目）。通常の移動についても−1の報酬が与えられます（21行目）。

　続いて、状態価値関数の値$v_\pi(s)$をニューラルネットワークで計算するStateValueクラスを定義します。

[NP2-04]

```
1: class StateValue:
2:   def __init__(self, goals):
3:     self.goals = goals
4:     self.model = self.build_model()
5:
```

```
 6:    def build_model(self):
 7:      state = layers.Input(shape=(2,))
 8:      hidden1 = layers.Dense(16, activation='relu')(state)
 9:      hidden2 = layers.Dense(8, activation='relu')(hidden1)
10:      value = layers.Dense(1)(hidden2)
11:      model = models.Model(inputs=[state], outputs=[value])
12:      model.compile(loss='mse')
13:      return model
14:
15:    def get_value(self, s):
16:      if s in self.goals:
17:        return 0
18:      input_states = [np.array(s)]
19:      output_values = self.model.predict([np.array(input_states)])
20:      value = output_values[0][0]
21:      return value
```

初期化関数（コンストラクタ）では、オプションgoalsで終了状態のリストを受け取ります。終了状態に対する状態価値関数の値として、デフォルトで0を返すようにするためです。4行目では、build_modelメソッドでニューラルネットワークのモデルを生成し、それをインスタンス変数modelに保存しています。

6～13行目のbuild_modelメソッドにおいて、ニューラルネットワークを定義する部分がこのコードのポイントになります。ここでは、入力層、隠れ層（2層）、出力層の順に定義が進みます。まず、7行目が入力層の定義ですが、今回はグリッドワールドの座標を示す2つの値が入力値となるので、要素数が2個の1次元リストという意味でshape=(2,)というオプション指定を行います。8行目と9行目はそれぞれ、ニューロンの数が16個と8個の隠れ層を定義しています。後ろの(state)、(hidden1)という部分は、この層に対する入力となる、前段の層を指定しています。オプションactivation='relu'により、活性化関数としてReLUを用いることを指定しています。10行目は出力層の定義で、一次関数のニューロンを1つだけ含む層を用意しています。

最後に11行目で、これらの定義をまとめて、ニューラルネットワーク全体を表すオブジェクトを生成しています。オプションinputsとオプションoutputsに入力層と出力層を指定する方法は、以前のノートブックの[NP1-04]と同じです。また、12行目の指定も以前と同じで、ニューラルネットワークの学習処理に用いる誤差関数として、平均二乗誤差を指定しています。これで、ニューラルネットワークの定義は完成です。

15〜21行目のget_valueメソッドは、オプションsで指定された状態に対する状態価値関数の値をニューラルネットワークで計算して返します。この部分の実装は、以前の[NP1-04]とほとんど同じですが、18行目で入力値をarrayオブジェクトに変換するところだけが異なります。今回のsは、すでに座標を表すタプル形式になっているので、これをあらためてリストに入れてからarrayオブジェクトに変換する必要はありません。そのままarrayオブジェクトに変換すれば、適切な入力値として取り扱われます。

　次は、ニューラルネットワークで計算された状態価値関数の値をまとめて表示する関数show_valuesを定義します。先と同様、テキスト形式の簡易的な出力です。

[NP2-05]

```
 1: def show_values(world, state_value):
 2:   for y in range(world.size):
 3:     print('[ ', end='')
 4:     for x in range(world.size):
 5:       if (x, y) in world.traps:
 6:         print('     ', end=' ')
 7:       else:
 8:         print('{:5.1f}'.format(state_value.get_value((x, y))), end=' ')
 9:     print(']')
10:   print()
```

　次に、ランダムに選んだ状態からスタートして、終了状態に至るまでのエピソードのデータをシミュレーションで収集する関数get_episodeを定義します。

[NP2-06]

```
 1: def get_episode(world):
 2:   episode = []
 3:   while True:
 4:     s = (np.random.randint(world.size), np.random.randint(world.size))
 5:     if s not in world.traps + world.goals:
 6:       break
 7:
 8:   while True:
 9:     if np.random.random() < 0.5:
10:       a = (1, 0)
11:     else:
```

```
12:      a = (0, 1)
13:    r, s_new = world.move(s, a)
14:    episode.append((s, r, s_new))
15:    if s_new in world.goals:
16:      break
17:    s = s_new
18:
19:  return episode
```

3～6行目は、落とし穴、および、ゴール以外の場所をスタート地点として選択しており、9～12行目は、$\frac{1}{2}$ の確率で、右、もしくは、下への移動を選択しています。先ほどの1次元のグリッドワールドでは、アクションの選択、および、状態遷移にランダムな要素がなかったので、**表5.2**のように、状態 s ごとに正解ラベル t が1つに決まりました。一方、今回は、アクションの選択にランダムな要素が含まれるので、同じ状態 s から異なるデータ (s, r, s') が得られる可能性があります。つまり、1つの状態 s に対して、異なる正解ラベル t のデータが混ざることになります。この場合、ニューラルネットワークは、得られた複数の正解ラベルに対する平均値を出力するように学習が進みます。

今回の手法の根拠となるベルマン方程式 (5.2) の右辺を見ると、これは正解ラベル $r + \gamma v_\pi(s')$ に対する（アクションの選択、および、状態遷移の確率を考慮した）期待値になっています。つまり、今回のやり方は、厳密な意味での期待値について、収集したデータの平均値でこれを近似することになっているのです。

続いて、収集したデータを用いてニューラルネットワークを学習する関数 train を定義しますが、この部分のコード（[NP2-07]）は、以前の [NP1-07] とほぼ同じです。データの収集と学習処理の繰り返し回数を表示する部分（3行目）のフォーマットのみ異なります。

これで必要な準備ができましたので、実際の学習処理を行います。はじめに、Gridworld クラスと StateValue クラスのインスタンスを生成します。

[NP2-08]
```
1: world = Gridworld()
2: state_value = StateValue(world.goals)
3: state_value.model.summary()
```

```
Model: "model"
_____
Layer (type)                 Output Shape              Param #
=================================================================
input_1 (InputLayer)         [(None, 2)]               0
_____
dense (Dense)                (None, 16)                48
_____
dense_1 (Dense)              (None, 8)                 136
_____
dense_2 (Dense)              (None, 1)                 9
=================================================================
Total params: 193
Trainable params: 193
Non-trainable params: 0
_____
```

　StateValueクラスのインスタンスを生成する際に、Gridworldクラスのインスタンスから終了状態のリストを取得する点は、先ほどと同じです。3行目のsummaryメソッドで出力した、ニューラルネットワークの構成情報を見ると、入力層、隠れ層（2層）、出力層が想定通りに定義されていることがわかります。それぞれの層は、チューニング対象のパラメーターを含んでおり、その総数は、Trainable params:に示されたように193個になります。

　この問題の場合、もともとの状態数は6×6＝36ですので、状態数よりもパラメーター数の方が多いことになります。つまり、ニューラルネットワークを適用する方が記録する情報量が多くなると言う、本末転倒な状況です。この点については、学習結果を確認した後にあらためて考察することにして、まずは、train関数を実行して、学習処理を行います。オプションnum=50を指定して、データ収集と学習処理のループを50回繰り返します。

[NP2-09]

```
1: train(world, state_value, num=50)
```

```
Iteration 1:
[  -0.9  -0.9  -1.0  -0.9       -0.8 ]
[  -0.7  -0.8  -0.9  -0.8       -0.7 ]
[  -0.6  -0.7  -0.8  -0.7       -0.6 ]
[  -0.3  -0.4  -0.5  -0.6       -0.5 ]
```

```
[  -0.0  -0.1  -0.1  -0.3  -0.4  -0.4 ]
[   0.3   0.3   0.3   0.2  -0.1   0.0 ]

Iteration  2:
[  -1.8  -1.9  -1.9  -1.9        -1.4 ]
[  -1.7  -1.8  -1.8  -1.8        -1.2 ]
[  -1.5  -1.7  -1.8  -1.6        -1.1 ]
[  -1.3  -1.3  -1.4  -1.5        -1.0 ]
[  -0.8  -0.9  -1.0  -1.1  -1.0  -0.8 ]
[  -0.4  -0.4  -0.5  -0.5  -0.6   0.0 ]

... (中略) ...

Iteration 50:
[ -15.5 -16.0 -16.0 -16.2        -4.5 ]
[ -13.3 -13.9 -14.2 -15.1        -3.5 ]
[ -11.0 -11.0 -11.8 -13.3        -2.5 ]
[  -8.1  -7.2  -7.4  -9.6        -1.5 ]
[  -6.7  -5.7  -4.1  -3.0  -1.8  -0.5 ]
[  -5.2  -4.1  -3.1  -2.1  -1.1   0.0 ]
```

　50回目の処理が終わるまで、30分程度かかりますので、少し気長にお待ちください。最後の50回目の出力結果を**図5.6**と比較すると、どのようなことがわかるでしょうか？——細かな数字としては一致していませんが、各パートにおける値の大小の傾向は適切に再現されているのではないでしょうか？　これを見れば、「落とし穴の左側は危険が高い」などの定性的な特徴を読み取ることができるでしょう。行動ポリシーを改善していくという目的においては、このような定性的な特徴が得られることが重要になります。

　一般に、ニューラルネットワークの特徴としては、入力データを一定の区画に分けて、区画ごとの数値的な特徴を再現できるという点があります。ニューラルネットワークを構成するニューロンの数や層の数を増やすことで、より複雑な境界線で区画を識別することができるようになります。この特性は、特にグリッドワールドのサイズが大きくなった場合に有利に働きます。個々の状態sに対する値$v_\pi(s)$を個別に保存する方式の場合、状態数に比例して記憶に必要なメモリーも増加します。一方、ニューラルネットワークを用いた場合は、それぞれの区画を識別するのに十分な大きさのニューラルネットワークを用意しておけば、状態数とは関係なく、区画ごとの特徴を再現できることになります。

特に同じ区画に含まれる状態については、ある特定の状態に対するデータが存在しなくても、その区画内で一定数のデータがあれば、区画内全体の特徴が再現できる可能性があります。このように、特定の状態のデータがなくても、他のデータから適切な推定ができるという特徴を「ニューラルネットワークの汎化性能」と言います。今回の例では、状態数がさほど多くないため、ニューラルネットワークのパラメーター数の方が多いという状況になりましたが、グリッドワールドのサイズをより大きくしても同じパラメーター数のニューラルネットワークで対応できる可能性はあります。**図 5.7**は、同じニューラルネットワークを用いて、20 × 20 のサイズのグリッドワールドに同様のアルゴリズムを適用した結果です。この場合は状態数がパラメーター数を上回りますが、やはり、区画ごとの特徴をとらえた結果になっていることがわかります[注8]。

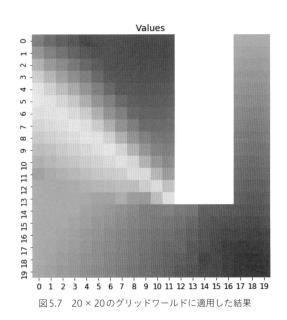

図 5.7　20 × 20 のグリッドワールドに適用した結果

　ただし、この手法には、パラメーターを乱数で初期化する、あるいは、シミュレーションによってランダムな要素を含むデータを収集するという特徴があるため、実行ごとに大きく結果が変わる可能性があります。ニューラルネットワークを強化学習に適用する際は、実行ごとの大きな変動を抑えて、安定的に学習を行うための工夫が必

注8　この結果を得るには、GPU を用いた環境で数時間の計算が必要でした。

要となります。この点については、次節でいくつかの基本的な手法を紹介します。

5.2 ニューラルネットワークを用いたQ-Learning

本節では、ニューラルネットワークによる関数近似をQ-Learningに適用する方法を紹介します。具体例として、**図5.8**の「あるけあるけゲーム」を取り上げます。これは、1980年代に流行ったパソコンゲームで、障害物「x」が配置されたフィールド内をキャラクター「*」を上下左右に操作して歩き回らせるというものです。一度通った場所には新たな障害物「+」が配置されるので、同じ場所を2回通ることはできません。障害物を避けながら、できるだけ長く歩き続けることを目指します。

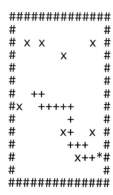

図5.8 「あるけあるけゲーム」の画面

このゲームに強化学習を適用するには、この環境をマルコフ決定過程として表す必要がありますが、この場合、状態sはどのように定義すればよいでしょうか？　仮に障害物の位置が固定的であれば、キャラクターの座標を状態sと考えれば十分です。「3.1.2 ポリシー反復法の適用例」の**図3.9**で「落とし穴」を避ける行動を学んだように、特定の位置にある障害物を避ける行動を学ぶことができるでしょう。しかしながら、このゲームでは、障害物「x」の配置はプレイするごとに変わる上、キャラクターの移動に伴って新たな障害物「+」が発生します。したがって、キャラクターの座標だけではなく、動的に変化するフィールドの全体を状態sとみなす必要があります。ビデオゲー

ムの画面出力そのものを「状態」ととらえるようなものと考えてもよいでしょう。

　今回は、このフィールド全体の状態 s をもとにして、行動−状態価値関数 $q_\pi(s, a)$ を
ニューラルネットワークで計算することを考えます。この際、適切なアクションを選
択するには、キャラクター周辺の障害物の配置が特に重要になると想像されます。そ
こで、ニューラルネットワークの中でも特に、画像認識に用いられるCNN（Convolutional
Neural Network／畳み込みニューラルネットワーク）を利用してみます。これにより、
障害物の位置関係をとらえた学習ができると期待されますが、TensorFlow/Kerasを
用いて実際のコードを実装しながら結果を確認していきます。

　また、このようなゲームをプレイするエージェントでは、エージェントの学習処理
が終わって、実際にゲームをプレイする際に、さらに状態変化の先読みを組み合わせ
る「モンテカルロ・ツリーサーチ」と呼ばれる手法があります。ニューラルネットワー
クで計算される行動−状態価値関数の値はあくまで近似的なものですので、そこから
決定されるアクションは、本当の意味でベストなアクションとは異なる可能性があり
ます。これを実行時の先読み処理で補正しようという考え方です。本節の最後となる
「5.2.3　実行時の先読みによる性能向上」では、モンテカルロ・ツリーサーチの一般
的な考え方を説明した上で、「一手だけ先読みする」という最もシンプルな実装を「あ
るけあるけゲーム」に適用してみます。

▌5.2.1　CNN（畳み込みニューラルネットワーク）による特徴抽出

　前節の**図5.4**に示した多層型の「フィードフォワードネットワーク」は、複数のニュー
ロンからなる多層ニューラルネットワークの基本構成ですが、この他に、画像データ
や音声データに特化した特別な構成のニューラルネットワークがあります。ここで説
明するCNN（畳み込みニューラルネットワーク）は、特に画像認識のタスクで高い性
能を発揮することが知られています。これは、画像データ内で近接するピクセルの位
置関係をとらえることで、画像の特徴を抽出する機能を持ちます。

　具体的には、**図5.9**のような「畳み込みフィルター」を用いた演算処理を行います。
ここでは、5×5サイズの画像データに3×3サイズの畳み込みフィルターを演算して
います。図に示したように、元の画像にフィルターを重ね合わせて、対応する部分の
数値を掛けて、それらを合計した値が出力値になります。フィルターをスライドさせ
ながらこの演算を繰り返すことで、新しい画像データが得られます。画像の周辺で、フィ
ルターの端が画像からはみ出す部分については、画像のピクセル値は0とみなして計

算します。

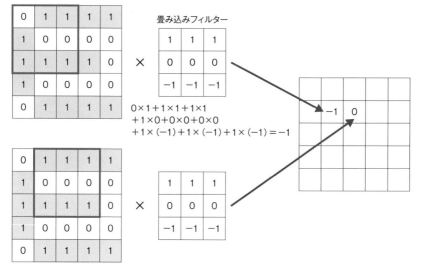

図5.9　畳み込みフィルターの演算処理

$$0×1+1×1+1×1$$
$$+1×0+0×0+0×0$$
$$+1×(-1)+1×(-1)+1×(-1)=-1$$

この際、フィルターの値を工夫すると、画像から特定方向のエッジを抽出するなど、画像の図形的な特徴を抽出することが可能になります。複数のフィルターを用意して、それぞれのフィルターから得られた画像データのピクセル値を最後はすべて一列に並べて、1次元の数値リストに変換します。これを通常のフィードフォワードネットワークに入力すると、元の画像データをそのまま用いるよりも高い精度で画像の種類が識別できるようになります。この例では、フィルターの値は最初から決められていますが、画像識別のタスクを実行する際は、フィルターの値そのものを学習対象のパラメーターとします。学習用のデータを用いて、より高い精度で識別できるフィルターを発見するのです。

　さらにもう1つ、今回の「あるけあるけゲーム」への応用では、複数レイヤーの画像に対する畳み込みフィルターの適用を行います。たとえば、**図5.10**では、RGBの3つのレイヤーからなるカラー画像に対して、フィルターAとフィルターBの2種類の畳み込みフィルターを適用しています。それぞれのフィルターは、レイヤーごとに個別のサブフィルターを持っており、各サブフィルターから得られた画像について、対応するピクセルごとに値を合計することで1レイヤーの出力画像を得ます。この場合、

それぞれのフィルターから1レイヤーの出力が得られるので、全体として、2レイヤーの画像データが得られることになります[注9]。それぞれのレイヤーの画像（出力画像A、および、出力画像B）には、元の画像におけるレイヤー間の関係性をとらえた情報が含まれていると考えることができます。

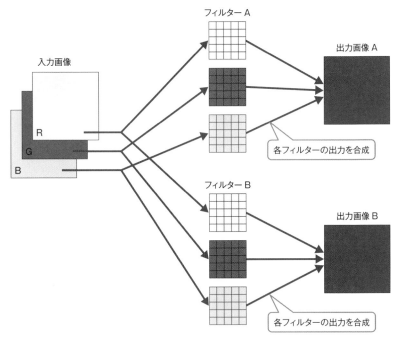

図5.10　複数レイヤーの画像に対する畳み込みフィルターの適用

——とここまでは、画像認識タスクにおける、一般的な畳み込みフィルターの利用方法の説明ですが、これは今回のゲームにどのように応用できるのでしょうか？ここでは、**図5.11**のように、元のゲーム画面を「障害物レイヤー」と「座標レイヤー」に分割する方法を試してみます。「障害物レイヤー」は、障害物のある位置が1で、その他の位置が0になった2次元リストのデータです。同様に、「座標レイヤー」は、キャラクターのある位置だけが1で、その他の位置がすべて0の2次元リストのデータです。

注9　たとえば、RGB画像をフィルターで変更して、新たなRGB画像を得たい場合は、3種類の畳み込みフィルターを適用して、得られた3つの出力画像を新たなRGBの各レイヤーと解釈します。ただし、ここでは画像データから情報を抽出することが目的ですので、フィルターの数は3つに限る必要はありません。

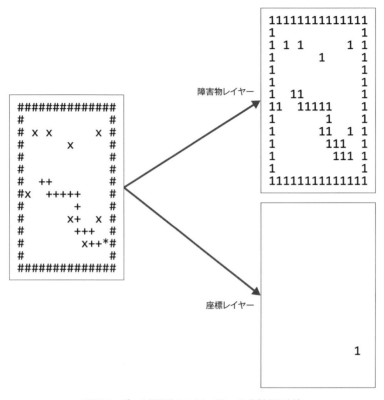

図5.11　ゲーム画面を2つのレイヤーに分割する方法

　ゲーム画面では、障害物とキャラクターは同じ平面上に乗っていますが、当然ながら、データとしての意味は異なります。ここでは、障害物だけを示したレイヤーとキャラクターだけを示したレイヤーに分割することで、データとしての意味合いを分離しています。その上で、この2レイヤーのデータに、**図5.10**のような複数レイヤーに対応した畳み込みフィルターを適用することで、レイヤー間の関係性、すなわち、キャラクターと障害物の位置関係を把握しようというわけです。

　このゲームをうまくプレイするために、どのようなフィルターを用いて、どのような位置関係を把握すればよいかを直感的に把握するのは困難ですが、ここでは、フィルターの値そのものを学習対象とするので問題ありません。具体的には、14×14サイズのフィールドに対して、5×5サイズの畳み込みフィルターを8種類用意します。それぞれのフィルターが異なる特徴を抽出した上で、その後ろにあるフィードフォワー

ドネットワークがこれらの情報を総合した計算を行います。

この際、ゲーム画面を状態sととらえて畳み込みフィルターで処理したものをアクションaの情報と結合してから、フィードフォワードネットワークに入力する必要があります。今回のゴールは、行動−状態価値関数の値$q_\pi(s, a)$をニューラルネットワークで計算することであり、状態sとアクションaを組み合わせて、単一の出力値を得る必要があるからです。これを実施するニューラルネットワークの全体像は、**図5.12**のようになります。

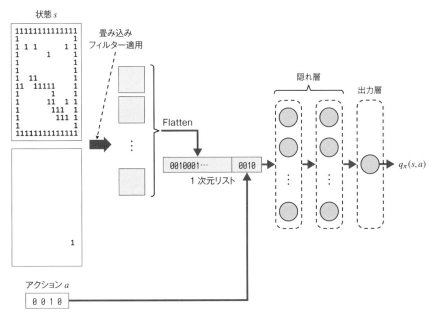

図5.12　状態価値関数$q_\pi(s, a)$を計算するニューラルネットワークの構造

まず、8種類の畳み込みフィルターによって、8レイヤー分のデータが得られますが、ここに含まれるデータをすべて一列に並べて、1次元のリストに変換します。一般にこのような処理を「Flatten」と呼びます。得られたリストの後ろに、アクションaを0010のような「One-hot表現」で表したものを結合して、これを後段の隠れ層へと入力します。今回の場合、アクションaは、上下左右の移動に対応した4種類の値を取りますが、それにあわせて4つの0を並べておき、選択したアクションに対応する位置の値を1にします。このようなフラグ方式での表現は、ニューラルネットワークへ

の入力として標準的に用いられます。このように階層の深いニューラルネットワークで計算した行動−状態価値関数 $q_\pi(s, a)$ に Q-Learning を適用したものが、次項で解説する DQN（Deep Q Network）です。

▌5.2.2 DQN の実装例

状態価値関数 $q_\pi(s, a)$ を計算するためのニューラルネットワークの構造が、前項の**図5.12**のように決まりました。それでは、TensorFlow/Keras を用いて実際にニューラルネットワークを構成し、「あるけあるけゲーム」をプレイするエージェントを DQN で学習させてみましょう。ここからは、フォルダー「Chapter05」にある、次のノートブックに沿って解説を進めます。このノートブックでは、GPU を接続したランタイムを使用しています。

- 03_Walk_Game_Training.ipynb

はじめに、TensorFlow のバージョンを2系に指定します。

[WGT-01]
```
1: %tensorflow_version 2.x
```

続いて、必要なモジュールをインポートします。

[WGT-02]
```
1: import numpy as np
2: import copy, random, time
3: from tensorflow.keras import layers, models
4: from IPython.display import clear_output
```

2行目の copy、および、time モジュールと4行目の clear_output モジュールは、ゲームの進行をテキストアニメーションで表示する関数 show_sample で使用します。

次に、ゲームのフィールドのデータを格納したリストを返す関数 get_field を定義します。

```
 1: def get_field():
 2:   field_img = '''
 3: ##############
 4: #            #
 5: #            #
 6: #            #
 7: #            #
 8: #            #
 9: #            #
10: #            #
11: #            #
12: #            #
13: #            #
14: #            #
15: #            #
16: ##############
17: '''
18:   field = []
19:   for line in field_img.split('\n'):
20:     if line == '':
21:       continue
22:     field.append(list(line))
23:
24:   return field
```

　ここでは、「4.1.4　オフポリシーでのデータ収集」で使用したノートブック「04_Maze_Solver_Monte_Carlo.ipynb」のコード[MMC-02]を再利用しています。このリストは、ゲーム進行中の画面の状態を保持するために使います。このリスト内のデータはキャラクター形式ですが、ニューラルネットワークへの入力に使用する際は、**図5.11**のように数値化したデータに変換します。この後のコードでは、このフィールドのサイズは、周囲の障害物を含めて14×14という前提になっているので注意してください。

　次は、このゲームの実行環境を表すEnvironクラスを定義します。

[WGT-04]

```
 1: class Environ:
 2:   def __init__(self):
 3:     self.action_map = [(0, 1), (1, 0), (0, -1), (-1, 0)]
 4:     self.restart()
 5:
```

```
 6:    def restart(self):
 7:      self.field = get_field()
 8:      for _ in range(10):
 9:        y = np.random.randint(1, 13)
10:        x = np.random.randint(1, 13)
11:        self.field[y][x] = 'x'
12:
13:    def move(self, s, a):
14:      x, y = s
15:      dx, dy = self.action_map[a]
16:      self.field[y][x] = '+'
17:      x += dx
18:      y += dy
19:      s_new = (x, y)
20:      if self.field[y][x] != ' ':
21:        return 0, s_new, True    # Reward, Next state, Game over
22:      return 1, s_new, False     # Reward, Next state, Game over
23:
24:    def get_state(self, s):
25:      x, y = s
26:      walls = [[0.0 if c == ' ' else 1.0 for c in line] for line in self.field]
27:      walker = np.zeros((14, 14))
28:      walker[y][x] = 1.0
29:      state = np.zeros((14, 14, 2))
30:      state[:, :, 0] = walls
31:      state[:, :, 1] = walker
32:      return state.tolist()
```

　このクラスでは、フィールドのデータを格納したリストをインスタンス変数field
に保持した上で、障害物「x」の初期配置、キャラクターの移動処理、そして、ニューラルネットワーク入力用の数値化データへの変換処理の機能を提供します。今回のコードでは、キャラクターの位置を表す変数 s とニューラルネットワーク入力用の数値化データ（マルコフ決定過程としての状態 s）を表す変数 state など、類似する変数の区別に注意を払う必要があります。参考として、状態とアクションに関する変数を**表5.3**にまとめておきます。

表5.3　状態とアクションに関連する変数

変数	内容	データ形式
s	キャラクターの位置	座標を表すタプル(x, y)
state	マルコフ決定過程としての状態s	14×14×2サイズのリスト
a	アクション	0〜3の整数値

　Environクラスの定義を具体的に見ていくと、2〜4行目の初期化関数（コンストラクタ）では、0〜3の整数値で表されたアクションaを(0, 1)などの座標形式にマッピングするためのリストaction_mapを用意して（3行目）、この後で定義するrestartメソッドでフィールドのデータを初期化しています（4行目）。6〜11行目のrestartメソッドでは、関数get_fieldでフィールドのデータを用意した上で、ランダムな位置に10個の障害物「x」を配置しています。このデータは、インスタンス変数fieldに保持します。

　13〜22行目のmoveメソッドは、キャラクターを移動する処理を実装します。オプションsとオプションaに現在の位置とアクションを渡すと、現在の位置に新たな障害物「+」を配置した上で（16行目）、報酬r、移動後の位置s_new、ゲーム終了を表すフラグの3つ組を返します。移動後の位置に障害物がある場合は、報酬は0でゲーム終了フラグはTrueになります（20〜21行目）。そうでない場合は、報酬は+1でゲーム終了フラグはFalseになります（22行目）。

　最後のget_stateメソッドは、オプションsにキャラクターの位置を渡すと、現在のフィールドの状態とあわせて、**図5.11**の2レイヤーからなる数値データを構成して返します。フィールドのサイズが14×14なので、2つのレイヤーをあわせて14×14×2サイズのリストが構成されます。26行目は、「障害物レイヤー」のデータを作成して、27〜28行目は「座標レイヤー」のデータを作成しています。その後、14×14×2サイズのリストを用意して（29行目）、2つのレイヤーのデータをまとめて格納しています（30〜31行目）。state[:, :, 0]というのは、Pythonのリスト操作の構文で、3つ目の添字が0の部分に指定のデータを格納するという意味になります。また、この関数では、0で初期化された多次元リストを簡単に用意するために、NumPyの関数np.zerosを使っているので、通常のリストとarrayオブジェクトが混在した状態になっています。そこで最後に、tolistメソッドで通常のリストに戻したものを返却しています（32行目）。

　そして次は、**図5.12**のニューラルネットワークを用いて、行動−状態価値関数の

値を計算するQValueクラスを定義します。

[WGT-05]

```
 1: class QValue:
 2:   def __init__(self):
 3:     self.model = self.build_model()
 4:
 5:   def build_model(self):
 6:     cnn_input = layers.Input(shape=(14, 14, 2))
 7:     cnn = layers.Conv2D(8, (5, 5), padding='same', use_bias=True,
 8:                         activation='relu')(cnn_input)
 9:     cnn_flatten = layers.Flatten()(cnn)
10:
11:     action_input = layers.Input(shape=(4,))
12:
13:     combined = layers.concatenate([cnn_flatten, action_input])
14:     hidden1 = layers.Dense(2048, activation='relu')(combined)
15:     hidden2 = layers.Dense(1024, activation='relu')(hidden1)
16:     q_value = layers.Dense(1)(hidden2)
17:
18:     model = models.Model(inputs=[cnn_input, action_input], outputs=q_value)
19:     model.compile(loss='mse')
20:     return model
21:
22:   def get_action(self, state):
23:     states = []
24:     actions = []
25:     for a in range(4):
26:       states.append(np.array(state))
27:       action_onehot = np.zeros(4)
28:       action_onehot[a] = 1
29:       actions.append(action_onehot)
30:
31:     q_values = self.model.predict([np.array(states), np.array(actions)])
32:     optimal_action = np.argmax(q_values)
33:     return optimal_action, q_values[optimal_action][0]
```

このクラスでは、行動-状態価値関数の値$q_\pi(s,a)$を計算するだけではなく、与えられた状態sに対して、$q_\pi(s,a)$を最大にするという条件でアクションaを選択する機能を提供します。Q-Learningを実装したこれまでのコードでは、行動-状態価値関数の値を保存するディクショナリーqに加えて、これに基づいた行動ポリシーを保存

するディクショナリーpolicyを別に用意していました。しかしながら、今回の場合、状態数が多すぎて行動−状態価値関数の値を個別に保存するのが難しい状況ですので、同じ理由により、行動ポリシーを別に用意することもできません。そのため、必要となるたびに、ニューラルネットワークで行動−状態価値関数の値 $q_\pi(s, a)$ を計算した上で、それを最大にするアクションを選択するという実装にしています。

それでは、コードの中身を具体的に見ていきましょう。まず、2〜3行目の初期化関数（コンストラクタ）では、この次に定義するbuild_modelメソッドでニューラルネットワークのモデルを生成して、インスタンス変数modelに保存しています。

そして、5〜20行目がbuild_modelメソッドの定義になります。ここでは、TensorFlow/Kerasを用いて**図5.12**のニューラルネットワークを構成していますが、図に示したように、状態 s とアクション a の2種類の入力層を持つので、この点に注意が必要です。具体的には、まず、6〜9行目は、状態 s に対する入力層の定義と畳み込みフィルターの適用、そして、得られた結果を1次元リストに変換するFlattenの処理です。11行目は、これとは別に、アクション a の入力層を定義しています。そして、13行目でこれらを結合した1次元のリストを構成して、14〜16行目で2層からなる隠れ層と出力層を定義するという流れです。

個々の定義の詳細は次のようになります。まず、6行目の入力層では、**表5.3**の変数stateのデータを受け取るので、その形式は $14 \times 14 \times 2$ サイズのリストになります。そのために、オプションshape=(14, 14, 2)を指定しています。7行目のlayers.Conv2Dは、畳み込みフィルターを定義するもので、はじめの8, (5, 5)という部分で 5×5 サイズのフィルターを8種類用意しています。padding='same'は、「5.2.1 CNN（畳み込みニューラルネットワーク）による特徴抽出」で説明したように、フィルターがはみ出す部分のデータは0とみなすという指定です。その後ろのuse_bias=True, activation='relu'は、畳み込みフィルターの出力値に、さらに定数を加えて活性化関数ReLUを適用します。この定数値も学習対象のパラメーターになります[注10]。9行目のlayers.Flattenは、多次元リスト形式のデータを1次元リストに変換します。

11行目の入力層では、**表5.3**の変数aをOne-hot表現に変換したものを受け取ります。[0, 0, 1, 0]のように、選択したアクションの部分が1になる1次元リストの形式なので、要素数が4個の1次元リストを受け取るという意味で、オプションshape=(4,)を指定しています。13行目のlayers.concatenateは、9行目で得られた1次元リストと、

注10　このあたりのパラメーターや活性化関数の役割については、本書の説明の範囲を超えるので、ニューラルネットワークに関する書籍（巻末の参考書籍[2]など）を参考にしてください。

11行目の入力層で受け取った1次元リストを結合して、1つの1次元リストにします。14行目と15行目の layers.Dense は、それぞれ、2,048個、および、1,024個のニューロンを含む隠れ層を定義しています。はじめのオプションがニューロンの数で、その後ろの activation='relu' は、活性化関数としてReLUを指定しています。最後に16行目の layers.Dense では、最終的な出力値を与えるために、ニューロンが1つだけの一次関数の出力層を定義しています。

これでニューラルネットワークの構造が定義できたので、最後に、18行目でニューラルネットワーク全体を表すオブジェクトを生成しています。オプション inputs では、2つの入力層を指定している点に注意してください。

続いて、22～33行目では、ニューラルネットワークで計算した行動−状態価値関数の値に基づいて、これを最大にするアクション a を選択する get_action メソッドを定義しています。ここでは、オプション state に与えられた状態に対して、取り得る4種類のアクションすべてについて行動−状態価値関数を計算する必要があります。モデルのオブジェクトが持つ predict メソッドは、複数の入力値に対する結果をまとめて計算することができるので、その機能を利用しています。具体的には、リスト states に4種類の状態、そして、リスト actions に4種類のアクションを保存して、31行目の形式で predict メソッドを呼ぶと、2つのリストの対応する位置のペアを入力値とした、4種類の結果が返ります。

今回の場合は、25～29行目のループで、これらのリストに入力値を保存しています。リスト states に対しては、オプション state で与えられた同じ状態を繰り返し保存して（26行目）、リスト actions に対しては、4種類のアクションをOne-hot表現に変換したものを保存しています（27～29行目）。TensorFlow/Kerasの仕様にあわせて、どちらも array オブジェクトの形式で保存しています。その後、31行目で4種類の出力値を得ると、その中で値が最大となる要素のインデックスが選択すべきアクションとなります（32行目）。最後に33行目では、選択したアクション a とあわせて、このアクションに対応する行動−状態価値関数の値 $q_\pi(s, a)$ を返却します。この値は、後ほどQ-Learningのアルゴリズムを実装する際に必要となります。

次は、1回分のエピソードのデータを収集する関数 get_episode を定義します。オプション environ とオプション q_value には、それぞれ、Environ クラスと QValue クラスのインスタンスを受け渡します。

[WGT-06]

```
 1: def get_episode(environ, q_value, epsilon):
 2:   episode = []
 3:   trace = []
 4:   environ.restart()
 5:   s = (np.random.randint(1, 13), np.random.randint(1, 13))
 6:
 7:   while True:
 8:     trace.append(s)
 9:     state = environ.get_state(s)
10:     if np.random.random() < epsilon:
11:       a = np.random.randint(4)
12:     else:
13:       a, _ = q_value.get_action(state)
14:
15:     r, s_new, game_over = environ.move(s, a)
16:     if game_over:
17:       state_new = None
18:     else:
19:       state_new = environ.get_state(s_new)
20:     episode.append((state, a, r, state_new))
21:
22:     if game_over:
23:       break
24:     s = s_new
25:
26:   return episode, trace
```

この関数では、2行目のリストepisodeに、状態s、アクションa、報酬r、次の状態s'の4つ組のデータを保存するのに加えて、3行目のリストtraceに、キャラクターの位置（座標）を保存します。学習処理に必要となるのはepisodeに保存したデータの方ですが、後でエピソード内でのキャラクターの行動をアニメーションで再現する際に、リストtraceのデータを使用します。

具体的な処理の流れは、次のようになります。まず4行目で、インスタンスenvironが保持するフィールドのデータを初期化して、次の5行目で、キャラクターの最初の位置を乱数で決定します。その後、7〜24行目のループでフィールド内をキャラクターが移動していきます。10〜13行目は、ε-greedyポリシーでアクションaを決定します。εの値は、この関数を呼び出す際のオプションepsilonで指定します。13行目は、行動−状態価値関数が最大になるという条件でアクションを選択する場合ですが、イ

ンスタンスq_valueのget_actionメソッドには、キャラクターの位置sではなく、ニューラルネットワーク入力用の状態データstateを渡す必要があるので、9行目でその変換を行っています。

その後、15行目では、インスタンスenvironのmoveメソッドでキャラクターの移動処理を行い、報酬r、次の位置s_new、ゲーム終了を表すフラグgame_overを受け取ります。19行目で、次の位置s_newをニューラルネットワーク入力用の状態データstate_newに変換した後に、20行目で先ほど説明した4つ組のデータを保存しています。この時、ゲームが終了している場合、つまり、終了状態に到達した場合は、そのことを示すために次の状態としてNoneを保存します（16～17行目）。ゲームが終了した場合はループを抜けて（22～23行目）、データを保存したリストepisodeとtraceを返却します（26行目）。そうでない場合は、新しい位置を現在の位置に再設定して（24行目）、ループの処理を繰り返します。

この次に定義する関数show_sampleは、学習の状況を確認するための補助的な関数で、ランダムな行動を混ぜないGreedyポリシーによるエピソードを取得して、キャラクターの行動をアニメーションで表示します。

[WGT-07]

```
 1: def show_sample(environ, q_value):
 2:     _, trace = get_episode(environ, q_value, epsilon=0)
 3:     display = copy.deepcopy(environ.field)
 4:     display = [[' ' if c == '+' else c for c in line] for line in display]
 5:     for s in trace:
 6:       x, y = s
 7:       display[y][x] = '*'
 8:       time.sleep(0.5)
 9:       clear_output(wait=True)
10:       for line in display:
11:         print(''.join(line))
12:       display[y][x] = '+'
13:
14:     print('Length: {}'.format(len(trace)))
```

2行目でオプションepsilon=0を指定して関数get_episodeを呼び出すことで、その時点での行動−状態価値関数に基づいたアクションによるエピソードを収集します。その後は、5～12行目のループで、変数traceに格納されたキャラクターの位置の変

化をテキストアニメーションで再現します。9行目の関数clear_outputは、Jupyter
Notebookに固有の機能で、該当のコードを実行しているセルの出力を消去します。
これにより、ステップごとの画面出力を書き直すことで、簡易的なアニメーションを
実現しています。最後に14行目で、キャラクターが移動したステップ数を表示します。

　そして次は、いよいよ、Q-Learningのアルゴリズムを実装した関数trainを定義し
ます。

[WGT-08]
```
 1: def train(environ, q_value, num):
 2:   experience = []
 3:   for c in range(num):
 4:     print()
 5:     print('Iteration {}'.format(c+1))
 6:     print('Collecting data', end='')
 7:     for n in range(50):
 8:       print('.', end='')
 9:       if n % 10 == 0:
10:         epsilon = 0
11:       else:
12:         epsilon = 0.2
13:       episode, _ = get_episode(environ, q_value, epsilon)
14:       experience += episode
15:     if len(experience) > 10000:
16:       experience = experience[-10000:]
17:
18:     if len(experience) < 1000:
19:       continue
20:
21:     print()
22:     print('Training the model...')
23:     examples = experience[-200:] + random.sample(experience[:-200], 400)
24:     np.random.shuffle(examples)
25:     states, actions, labels = [], [], []
26:     for state, a, r, state_new in examples:
27:       states.append(np.array(state))
28:       action_onehot = np.zeros(len(environ.action_map))
29:       action_onehot[a] = 1
30:       actions.append(action_onehot)
31:       if not state_new:   # Terminal state
32:         q_new = 0
```

```
33:        else:
34:          _, q_new = q_value.get_action(state_new)
35:          labels.append(np.array(r + q_new))
36:      q_value.model.fit([np.array(states), np.array(actions)], np.array(labels),
37:                        batch_size=50, epochs=100, verbose=0)
38:    show_sample(environ, q_value)
```

少し長いコードですが、処理内容そのものはそれほど複雑ではありません。基本的には、エピソードに含まれるデータを用いて、行動−状態価値関数に対するベルマン方程式(4.3)を満たすように、ニューラルネットワークのパラメーターをチューニングしていくだけです。「4.2.1　オフポリシーでのTD法：Q-Learning」で説明したQ-Learningの手続きでは、4つ組のデータ(s, a, r, s')を用いて、$q_\pi(s, a)$の値が$r + \gamma q_\pi(s', \hat{\pi}(s'))$に近づくように修正していきました。これと同様に、状態とアクションのペア(s, a)に対して、$q_\pi(s, a)$が取るべき値、すなわち、正解ラベルを$r + \gamma q_\pi(s', \hat{\pi}(s'))$とした学習データを用いて、ニューラルネットワークの学習処理を行います。

以前のQ-Learningの実装では、行動−状態価値関数の値$q_\pi(s, a)$を更新するごとに、状態sに対する行動ポリシーも更新していましたが、今回の場合、その処理は不要です。[WGT-05]でQValueクラスを定義した際に説明したように、get_actionメソッドでアクションaを選択する際は、その時点での行動−状態価値関数の値$q_\pi(s, a)$、すなわち、ニューラルネットワークの出力値を用いてアクションを決定しました。したがって、ニューラルネットワークのパラメーターを更新すれば、選択されるアクション、すなわち、行動ポリシーも自動的に更新されることになります。

それでは、上記のコードの内容を詳しく見ていきましょう。全体の流れは、**図5.13**のようになります。まず、2行目のリストexperienceには、過去のエピソードで収集したデータを保存していきます。この際、保存するデータ数の上限を10,000個として、それを超えると古いものから削除していきます。具体的には、13行目で、関数get_episodeを用いて1回分のエピソードのデータを収集して、14行目でリストexperienceに追加します。ここでは、7～14行目のループにより50回分のエピソードのデータを追加した後に、15～16行目で最新の10,000個分だけを残して古いデータを削除します。エピソードを収集する際は、基本的には$\varepsilon = 0.2$のε-greedyポリシーを使用しますが、10回に1回だけは$\varepsilon = 0$として、ランダムな行動を混ぜないでエピソードを取得します（9～12行目）。この理由は、後ほど説明します。

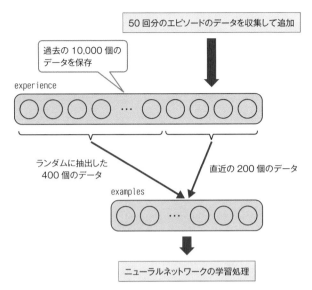

図5.13 エピソードのデータ収集とニューラルネットワークの学習処理の流れ

データの収集が終わると、次は、ニューラルネットワークの学習処理を行います。ただし、保存されたデータが1,000個を超えるまでは、学習処理はスキップします（18～19行目）。

コードの後半、21～37行目がニューラルネットワークの学習処理です。まず、23行目では、リストexperienceに蓄積されたデータから、直近の200個と、残りの部分からランダムに選んだ400個を抽出してリストexamplesに保存します。次の24行目で、このリストに含まれるデータの順番をランダムに入れ替えます。その後、26～35行目のループで、このデータから、状態s、アクションa、そして、正解ラベルtを構成して、arrayオブジェクトの形で、25行目で用意したリストstates、actions、labelsに個別に保存します。今回のニューラルネットワークには2つの入力層が定義されており、それぞれ、状態sとアクションaを個別に受け取るので、これらのデータを2つのリストstatesとactionsに個別に保存しています。

27行目は、状態sの追加、28～30行目はアクションaをOne-hot表現に変換して追加する処理、そして、31～35行目は正解ラベル$r + \gamma q_\pi(s', \hat{\pi}(s'))$を計算して追加する処理です。報酬の割引率は$\gamma = 1$としています。正解ラベルの計算では、次の状態$s'$において選択するべきアクション$\hat{\pi}(s')$に対応した行動－状態価値関数の値$q_\pi(s', \hat{\pi}(s'))$が必要になります。34行目では、これを$q\_value$のget_actionメソッドで取得して

います。ただし、次の状態 s' が終了状態の場合は、定義より $q_\pi(s', \hat{\pi}(s')) = 0$ となります（31～32行目）。そして、36～37行目で、ニューラルネットワークのモデルを表すオブジェクトの fit メソッドを用いて学習処理を行います。最初のオプションで2つの入力層に対する入力データ、その次のオプションで対応する正解ラベルを渡しています[注11]。

学習が終わると、学習の進捗状況を示す参考情報として、先に定義した関数 show_sample を用いて、ランダムな行動を混ぜない場合のエピソードを1つ、アニメーションで表示します（38行目）。これで、データの集取とニューラルネットワークの学習というステップが終わりましたが、これを何度も繰り返すことで、段階的に行動ポリシーを改善していきます。繰り返しの回数は、この関数を呼び出す際のオプション num で指定します。

次は、このコードを実行中の出力のサンプルです。

```
################
# x            #
#        ++  x #
#     x  ++ *#
#         + +#
#      x+++#
#            ++#
#            ++#
#    x x ++#
# x       x++#
#            ++#
#            ++#
# x       #
################
Length: 22

Iteration 19
Collecting data.....................................................
Training the model...
```

これは、18回目の繰り返しが終わって、サンプルのエピソードのアニメーションが終わった後に、19回目のデータ収集と学習処理が行われている途中の出力です。上記のサンプルでは、22ステップ進むことに成功しています。

ここで説明した一連のデータ収集、および、学習データの抽出方法については、少し補足説明が必要かもしれません。この点については、本項の最後にあらためて解説

注11　バッチサイズ batch_size とエポック数 epochs については、経験的に妥当と思われる値を設定しています。これらの値も学習の精度を高める上でのハイパーパラメーターになります。

します。まずは、ここまでの準備をもとにして、実際の学習処理を進めていきます。はじめに、Environ クラスと QValue クラスのインスタンスを生成します。

[WGT-09]

```
1: environ = Environ()
2: q_value = QValue()
3: q_value.model.summary()
```

```
Model: "model"
_____
Layer (type)                   Output Shape         Param #     Connected to
===============================================================================
input_1 (InputLayer)           [(None, 14, 14, 2)]  0

conv2d (Conv2D)                (None, 14, 14, 8)    408         input_1[0][0]

flatten (Flatten)              (None, 1568)         0           conv2d[0][0]

input_2 (InputLayer)           [(None, 4)]          0

concatenate (Concatenate)      (None, 1572)         0           flatten[0][0]
                                                                input_2[0][0]

dense (Dense)                  (None, 2048)         3221504     concatenate[0][0]

dense_1 (Dense)                (None, 1024)         2098176     dense[0][0]

dense_2 (Dense)                (None, 1)            1025        dense_1[0][0]
===============================================================================
Total params: 5,321,113
Trainable params: 5,321,113
Non-trainable params: 0
_____
```

3行目は、ニューラルネットワークのモデルを表すオブジェクトの summary メソッドで、ニューラルネットワークの構成情報を表示しています。**図 5.12** に対応したニューラルネットワークが構成されていることを確認できます。それぞれのパートに含まれるパラメーターの数は、Param # の列で確認できます。また、最後の Trainable params: によると、チューニング対象のパラメーターは、全部で 5,321,113 個になります。この数だけを見るとかなり多いように感じるかもしれませんが、フィールド内の障害物

の配置パターンを考えると、マルコフ決定過程としての状態sが取り得る数は、これ
よりも圧倒的に多くなります。

　続いて、関数trainを用いて、データ収集と学習処理を行います。全体の繰り返し
回数は、50回とします。

[WGT-10]

```
1: train(environ, q_value, num=50)
```

```
Iteration 1
Collecting data.................................................
Iteration 2
Collecting data.................................................
Iteration 3
Collecting data.................................................
Iteration 4
Collecting data.................................................
Iteration 5
Collecting data.................................................
Training the model...
```

　学習が始まるまでに1,000個のデータを収集する必要があるので、上記の出力例の
ように実行直後はデータの収集のみが続いて、その後、学習処理が開始されます。先
ほど[WGT-08]の説明で示したように、学習が終わるごとにサンプルのエピソードが
アニメーション表示されます。学習が進むにつれて、より長いエピソードが取得でき
るようになります。

　50回の繰り返しが終わったら、最終的な学習結果を再確認してみましょう。次の
ように関数show_sampleを実行することで、サンプルのエピソードを取得して確認で
きます。

[WGT-11]

```
1: show_sample(environ, q_value)
```

　障害物の初期配置とキャラクターのスタート地点はランダムに決定されるので、実
行ごとに異なる結果が得られますが、筆者が試した範囲では、平均的には20ステッ
プ程度は進めるようです。ただし、実際の行動の様子を見ると、袋小路にはまり込ん

だわけでもないのに自ら障害物に当たりに行くなど、まだまだ改善の余地はありそう
です。学習処理を続けることでさらに性能を向上できる可能性もありますが、これに
ついては章末の演習問題に譲ります。ここでは、いったん、学習処理を打ち切って、
学習済みのモデルをGoogleドライブにファイルとして保存しておきます。

まず、次のセルを実行して、GoogleドライブのフォルダーをColaboratoryの実行
環境にマウントします。

[WGT-12]

```
1: from google.colab import drive
2: drive.mount('/content/gdrive')
```

これは、「1.2　実行環境のセットアップ」で用いた手順と同じです。**図1.7**に従って、
認証コードを入力してください。ドライブがマウントできたら、モデルを表すオブジェ
クトのsaveメソッドを使って、学習済みのモデルの内容をファイルに出力します。

[WGT-13]

```
1: q_value.model.save('/content/gdrive/My Drive/walk_game_model.hd5', save_format ↗
   ='h5')
2: !ls -l '/content/gdrive/My Drive/walk_game_model.hd5'
```

```
-rw------- 1 root root 42608640 Mar  5 15:25 '/content/gdrive/My Drive/walk_game_ ↗
model.hd5'
```

ドライブをマウントした直後はファイルを書き込めないことがあるので、書き込み
エラーが発生した場合は、数秒待ってから再度実行してください。2行目は、シェル
コマンドで出力ファイルの情報を確認しています。次項では、このファイルから学習
済みのモデルをリストアして再利用していきます。

それではここで、関数tarinを実装したコード[WGT-08]における、データ収集の方
法について解説しておきます。まず、過去のエピソードをリストexperienceに保存
して、ここから学習データを抽出する手法は、一般に「Experience Replay」と呼ばれ
ます。学習が進むにつれてエージェントの行動パターンは変化するので、学習があま
り進んでいない段階の過去のデータを用いるのは問題があると思うかもしれませんが、
その点は心配いりません。Q-Learningは、オフポリシーによる学習アルゴリズムで
すので、どのような行動ポリシーで集めたデータであっても正しく学習に利用されま

す。実際のところ、学習データの内容は「状態sでアクションaを取った時に得られる報酬rと次の状態s'」という4つ組(s,a,r,s')で、これは、状態遷移の条件付き確率$p(r,s' \mid s,a)$という行動ポリシーに依存しない客観的な情報の代替として用いられます。つまり、条件付き確率$p(r,s' \mid s,a)$の値を実際の環境から収集されたデータの割合で置き換えているのです。

この意味では、特定の行動ポリシーだけに頼らずに、さまざまな行動ポリシーで集めた広い範囲のデータで学習した方が、より高い精度での学習ができることになります。これが、Experience Replayの基本的な考え方です。ただし、直近のデータには、より先までゲームが進んだ状態のこれまでにない情報が含まれています。そこで、過去のデータと新しいデータのバランスを取るために、直近の200個のデータと、それ以前のデータからランダムに抽出した400個のデータを混ぜ合わせるという処理を行っています。また、エピソードのデータを収集する際に、10回に1回だけ$\varepsilon = 0$とするのも同様の理由です。基本的には、ε-greedyポリシーでランダムな行動を混ぜることで、より広い範囲のデータを収集することを目指しますが、今回のゲームの特性上、ランダムな行動を混ぜると早期にゲームが終了しやすく、長いステップのエピソードの収集が困難になります。そこで、すべてのエピソードにランダムな行動を混ぜるのではなく、エピソード単位で、ランダムな行動を混ぜたものと、混ぜないものを組み合わせるという戦略になります。

前節の最後に、ニューラルネットワークを強化学習に適用する際は、安定的に学習を行うための工夫が必要だと言いました。ここで説明したExperience Replayに加えて、まずは、できるだけ広い範囲のエピソードを収集・活用することがその基本となります。

5.2.3 実行時の先読みによる性能向上

前項では、ニューラルネットワークを用いたQ-Learning、すなわち、DQNのアルゴリズムを「あるけあるけゲーム」に適用しました。最終的な結果を見ると、一定の学習はできているものの、目の前の障害物が避けられないなど、明らかな改善の余地があります。これは、学習が終わったモデルを用いて実際にゲームをプレイする際に、シミュレーションによる先読み処理を加えることで改善できます。これには、一般に、モンテカルロ・ツリーサーチと呼ばれる手法が利用されます。

図5.14のバックアップ図を用いて、この手法を説明します。まず、通常のGreedy

ポリシーでは、学習済みのモデルを用いてアクションを選択する際、現在の状態 s に対して、取り得るアクション a すべてに対する行動−状態価値関数の値 $q_\pi(s,a)$ を計算して、これが最大になるものを選びます。仮に、行動−状態価値関数の値 $q_\pi(s,a)$ が厳密に正しければ、これは最善の行動ポリシーになります。しかしながら、今回の場合は、ニューラルネットワークによる関数近似を用いているので、この値は必ずしも正確ではありません。そこで、この先のゲームの展開をシミュレーションすることで、行動−状態価値関数の値 $q_\pi(s,a)$ をさらに更新して、より正解に近づけることを考えます。

　具体的には、一定のルールでよさそうなアクションをいくつか選択して、そのアクションを実行した結果（報酬 r、および、次の状態 s'）をシミュレーションで取得します。さらに、得られた次の状態 s' に対する行動−状態価値関数の値 $q_\pi(s',a)$ を見て、状態 s' でのよさそうなアクションをいくつか選択します。これを繰り返すことで、現在の状態 s から先に広がるバックアップ図の中から、「数手先までの筋がよさそうなパス」をいくつか選択します。この時に用いる選択ルールを「ツリーポリシー」と呼びます。

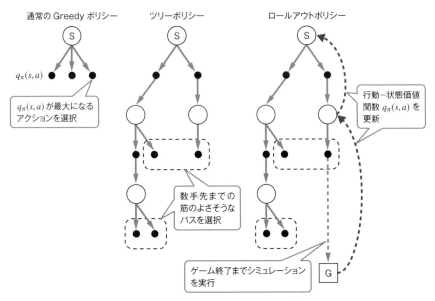

図5.14　モンテカルロ・ツリーサーチの仕組み

そしてさらに、選ばれたパスのいくつかについて、そこから先のゲームの進展をゲームが終了するまでシミュレーションで一気に実行します。この時に得られたゲーム結果から、そのパスに含まれるそれぞれの状態について、行動－状態価値関数の値$q_\pi(s, a)$を更新することができます。第4章「サンプリングデータを用いた学習法」で説明したモンテカルロ法では、エピソードを取得して、その結果から行動－状態価値関数の値を更新しましたが、これと同等の処理をゲームのプレイ中に追加で実行するようなものです。

ただし、ゲームの終了まで行うシミュレーションに長い時間をかけられないこともあります。仮に将棋をプレイするエージェントであれば、持ち時間の範囲内で次の手を決定する必要があります。そのような場合は、このシミュレーションに使用する行動ポリシーとして、学習済みのニューラルネットワークを使用するのではなく、より高速に計算できる簡易的な行動ポリシーを別途用意しておきます。この行動ポリシーを「ロールアウトポリシー」と呼びます。

この後は、更新された行動－状態価値関数を用いて、再度、ツリーポリシーによって、筋がよさそうなパスを広げていきます。このようにして、ツリーポリシーによるパスの選択と、ロールアウトポリシーによるゲーム終了までのシミュレーション、そして、その結果を用いた行動－状態価値関数の更新を時間の許す限り繰り返します。そして、最終的に得られた行動－状態価値関数の値$q_\pi(s, a)$に基づいて、実際に選択するアクションを決定します。このように、学習済みの行動－状態価値関数の値$q_\pi(s, a)$を用いたツリーポリシーによる数手先までの予測と、ロールアウトポリシーを用いたゲーム終了までの予測を組み合わせる手法がモンテカルロ・ツリーサーチになります。

なお、ゲームのプレイ中に行動－状態価値関数を更新すると言っても、この作業中に、ニューラルネットワークの追加学習を行うわけではありません。ツリーポリシーで展開されたそれぞれの状態に対する行動－状態価値関数の値をメモリーに保存して、こちらを更新していきます。もともと、すべての行動－状態価値関数の値をメモリーに保存することができないので関数近似を用いたわけですが、ここでは、現在の状態sに近い状態に限定することで、個別の値をより高い精度で見積もろうというわけです。これは、あくまで次のアクションを決定するための一時的な処理ですので、一連の作業が終わって次のアクションが決定されると、メモリー上の値は破棄されます[注12]。

注12　現実の実装では、以前の更新結果を残しておいて再利用するという最適化を行うことはあります。

本書では、モンテカルロ・ツリーサーチの実装までは行いませんが、「実行時に追加で学習する」という考え方の最もシンプルな応用例として、先ほどの「あるけあるけゲーム」に一歩だけ先を読む機能を追加してみます。具体的には、次のような処理になります。

まず、現在の状態 s に対して、取り得るアクション a すべてについて、シミュレーションを用いて、報酬 r と次の状態 s' を取得します。そして、次の状態 s' における行動－状態価値関数 $q_\pi(s', a)$ の最大値を計算します。これは、Greedy ポリシー $\hat{\pi}(s)$ の意味を考えると、$q_\pi(s', \hat{\pi}(s'))$ として得られます。そして最後に、$r + \gamma q_\pi(s', \hat{\pi}(s'))$ が最大になるアクション a を実際のアクションとして選択します。言葉で説明すると複雑ですが、これは、行動－状態価値関数に対するベルマン方程式 (4.3) をさらに 1 回だけ追加で適用していることに他なりません。アクション a を選択する際に (4.3) の左辺にある $q_\pi(s, a)$ が最大になるものを選ぶ代わりに、右辺にある $r + \gamma q_\pi(s', \hat{\pi}(s'))$ が最大になるものを選択するというわけです。

それではこれを実装したノートブックを用いて、実際の結果を確認してみましょう。ここからは、フォルダー「Chapter05」にある、次のノートブックに沿って解説を進めます。このノートブックでは、GPU を接続したランタイムを使用しています。

- 04_Walk_Game_with_Search.ipynb

前項のノートブック「03_Walk_Game_Training.ipynb」と共通する部分は、詳細な説明は割愛します。はじめに、TensorFlow のバージョンに 2 系を指定して（[WGS-01]）、必要なモジュールをインポートする部分（[WGS-02]）は、以前の [WGT-01]、[WGT-02] と同じです。その後のフィールドのデータを取得する関数 get_filed の定義、および、Environ クラスの定義も以前の [WGT-03]、[WGT-04] と同じです。

次は、QValue クラスの定義です。

[WGS-05]

```
 1: class QValue:
 2:   def __init__(self):
 3:     self.model = None
 4:
... （以下省略）...
```

今回は、先ほどのノートブックで保存した学習済みモデルをリストアして再利用するので、モデルを表すオブジェクトを保存するインスタンス変数modelには、この段階ではNoneを格納してあります。この後のget_actionメソッドの定義は以前の[WGT-05]と同じです。通常のGreedyポリシーに従って、行動−状態価値関数$q_\pi(s,a)$を最大するアクションaを返します。

そして、次に定義する関数get_action_with_searchで、一歩先読みによるアクションの選択を実装します。

[WGS-06]

```
 1: def get_action_with_search(environ, q_value, s):
 2:   update_q_values = []
 3:   for a in range(4):
 4:     field_backup = copy.deepcopy(environ.field)
 5:     r, s_new, game_over = environ.move(s, a)
 6:     if game_over:
 7:       update_q_values.append(r + 0)
 8:     else:
 9:       state_new = environ.get_state(s_new)
10:       _, q_new = q_value.get_action(state_new)
11:       update_q_values.append(r + q_new)
12:     environ.field = field_backup
13:
14:   optimal_action = np.argmax(update_q_values)
15:   return optimal_action
```

3〜12行目のループでは、オプションsに与えられた位置において、取り得るすべてのアクションaを実行して、それぞれに対する$r + \gamma q_\pi(s', \hat{\pi}(s'))$の値を計算した上で、その結果を2行目のリストupdate_q_valuesに格納します。その後、14〜15行目で、これが最大になるアクションを選択して返します。

それぞれのアクションに対する結果を得る部分は、次のように実装しています。まず、アクションの実行に伴って、Environクラスのインスタンスenvironに格納されたフィールドの状態が変化するので、後で元に戻せるように、4行目でバックアップコピーを取得します。その後、5行目で、インスタンスenvironのmoveメソッドで、アクションaの実行結果を取得します。次の状態が終了状態の場合は、終了状態に対する行動−状態価値関数の値が0であることから、$r + \gamma q_\pi(s', \hat{\pi}(s')) = r$となります（6〜7行目）。それ以外の場合は、次の位置s_newにおける行動−状態価値関数$q_\pi(s', a)$

の最大値$q_\pi(s', \hat{\pi}(s'))$をQValueクラスのインスタンスq_valueのget_actionメソッドで取得して、$r + \gamma q_\pi(s', \hat{\pi}(s'))$の値を計算します（8〜11行目）。

　この後は、1回分のエピソードのデータを取得する関数get_episodeと、エピソードの結果をアニメーションで表示する関数show_sampleを定義します（[WGS-07]、および、[WGS-08]）。この部分は、基本的には以前の[WGT-06]、および、[WGT-07]と同じですが、今回はε-greedyポリシーを用いる必要がないため、オプションepsilonに関する処理は省いてあります。また、エピソードに付随するデータとしては、キャラクターの位置の変化を示す変数traceのみを返します。さらに最も重要な違いとして、エピソードのデータを取得する際のアクションの選択は、先ほど定義した関数get_action_with_searchを用います。

　それでは、Googleドライブに保存した学習済みモデルをリストアして、実際の実行結果を確認しましょう。はじめに、EnvironクラスとQValueクラスのインスタンスを生成します。

[WGS-09]
```
1: environ = Environ()
2: q_value = QValue()
```

　学習済みモデルをリストアするために、GoogleドライブをColaboratoryの実行環境にマウントします。

[WGS-10]
```
1: from google.colab import drive
2: drive.mount('/content/gdrive')
```

　ドライブをマウントする際の認証処理は、これまでと同様です。シェルコマンドでモデルを保存したファイルがあることを確認します。

[WGS-11]
```
1: !ls -l '/content/gdrive/My Drive/walk_game_model.hd5'
```
```
-rw------- 1 root root 42608640 Mar  3 00:46 '/content/gdrive/My Drive/walk_game_
model.hd5'
```

ドライブをマウントした直後はファイルが見えないことがあるので、エラーが発生した場合は、数秒待ってから再実行してください。ファイルを確認できたら、次のコマンド（load_modelメソッド）でモデルをリストアして、変数q_valueのインスタンス変数modelに保存します。

[WGS-12]

```
1: q_value.model = models.load_model('/content/gdrive/My Drive/walk_game_model.hd5')
2: q_value.model.summary()
```

```
Model: "model"
_____
Layer (type)                    Output Shape         Param #     Connected to
==================================================================================
input_1 (InputLayer)            [(None, 14, 14, 2)]  0
_____
conv2d (Conv2D)                 (None, 14, 14, 8)    408         input_1[0][0]
_____
flatten (Flatten)               (None, 1568)         0           conv2d[0][0]
_____
input_2 (InputLayer)            [(None, 4)]          0
_____
concatenate (Concatenate)       (None, 1572)         0           flatten[0][0]
                                                                 input_2[0][0]
_____
dense (Dense)                   (None, 2048)         3221504     concatenate[0][0]
_____
dense_1 (Dense)                 (None, 1024)         2098176     dense[0][0]
_____
dense_2 (Dense)                 (None, 1)            1025        dense_1[0][0]
==================================================================================
Total params: 5,321,113
Trainable params: 5,321,113
Non-trainable params: 0
_____
```

　2行目のsummaryメソッドの出力を見ると、以前の[WGT-09]と同じニューラルネットワークが再現されていることがわかります[注13]。いよいよ次は、関数show_sampleを実行して結果を確認します。

注13　このセルを実行すると「WARNING:tensorflow:Error in loading the saved optimizer state. As a result,...」という警告が表示されることがありますが、これは問題ありません。

[WGS-13]

```
1: show_sample(environ, q_value)
```

Length: 60

実際のアニメーションを見るとわかるように、自ら障害物に当たりに行くことは、ほとんどありません。最終的に袋小路に入り込んで行き場がなくなったところでゲームが終了します。一歩先読みをすることにより、選択したアクションの結果が終了状態になることが事前にチェックできるため、その効果が現れた結果です。

演習問題

Q1　ノートブック「03_Walk_Game_Training.ipynb」のコードを用いて、DQNによる学習処理をさらに続け、エージェントの性能がどこまで向上するか試してください。Colaboratoryの環境では、長時間の学習を続けるとセッションがリセットされることがありますので、一定量の学習を終えたところで学習結果を保存した後に、再度、学習結果をリストアして学習を再開するようにしてください[注14]。

解答

A1　コードの実装は読者の宿題とします。筆者の環境では、「一歩先読み」のアルゴリズムを用いずに、平均して30ステップ程度進めるエージェントが得られました。下図は、53ステップを達成した例です。

注14　特にGPUを用いた学習を長時間続けると、一定時間、GPUの利用ができなくなることがあります。学習にかかる時間は長くなりますが、ランタイムの設定を変更して、GPUを接続しない環境で学習を続けることをおすすめします。

274

```
1: show_sample(environ, q_value)
```

```
###############
#x x   x      #
#        +++x x #
#    x + ++    #
# +++++  +    #
# +++++++++   #
# ++    x+ +  #
# +++++ ++++  #
# +  ++  + + #
# +  +++++ + #
# ++++      ++#
#      x     x*#
#             #
###############
Length: 53
```

▓ おわりに

　本書の「はじめに」では、近い将来、IT エンジニアの採用面接で「Q Learning と SARSA の違いを説明してください。」という質問が出るようになるかもと、冗談めかして述べましたが、あながち的外れな予想ではないでしょう。教師あり学習に代表される一般的な機械学習について振り返ると、自動モデル作成などの技術が発達して、さまざまなアルゴリズムをブラックボックスとして利用できるようになりましたが、それでもまだ、個別の課題に適用する上では、理論的な理解は欠かすことができません。すでに完成した製品やサービスを使うコンシューマーユーザーの立場であれば、「知識がなくても機械学習が利用できる時代がやってきた」と感じることもあるでしょうが、そういった製品やサービスを開発するエンジニアの立場では、少し異なる見方が必要です。「知識のある人が、より効率的により複雑なモデルを使いこなせる」方向に技術は進化しているようです。

　そしてまた、強化学習についても同じ流れがあります。分散処理を前提とした先進的な強化学習のライブラリーも登場してきましたが、理論的な「中身」の理解がなければ、実用的な応用はまだ難しいでしょう。本書で扱った内容は、あくまでも基礎的な部分ですが、これらを「腹落ちして理解する」には、実際に手を動かして、さまざまなアルゴリズムの動きを自分の目で確認するのが一番です。本書で解説したノートブックを参考にして、ぜひオリジナルのモデル作成にも挑戦してください。おおげさなディープラーニングモデルを持ち出す必要はありません。身近なビジネス課題の中に、強化学習理論のちょっとした応用が役立つ分野が潜んでいることでしょう。

参考書籍

[1]　『ITエンジニアのための機械学習理論入門』中井悦司（著）、技術評論社（2015）

　　　教師あり学習（回帰問題、分類問題）と教師なし学習（クラスタリング）を中心とした、機械学習の基礎的なアルゴリズムを理論面からわかりやすく解説した書籍です。

[2]　『TensorFlowとKerasで動かしながら学ぶディープラーニングの仕組み ～畳み込みニューラルネットワーク徹底解説』中井悦司（著）、マイナビ出版（2019）

　　　本書の第5章で利用したCNN（畳み込みニューラルネットワーク）を中心としたディープラーニングの仕組みを解説した書籍です。

[3]　『 Reinforcement Learning: An Introduction（2nd Edition）』Richard S. Sutton・Andrew G. Barto（著）、A Bradford Book（2018）

　　　本書の内容をさらに深く掘りさげて、強化学習の理論的な側面を学びたい方におすすめの教科書です。

[4]　『スケーラブルデータサイエンス ～データエンジニアのための実践Google Cloud Platform』Valliappa Lakshmanan（著）、中井悦司・長谷部光治（監修）、葛木美紀（翻訳）、翔泳社（2019）

　　　機械学習に限定しない大規模データ分析の考え方やクラウドを用いた具体的な実装方法を解説した書籍です。

❖ 索引

■著者プロフィール

中井悦司（なかい えつじ）

　1971年4月大阪生まれ。ノーベル物理学賞を本気で夢見て、理論物理学の研究に没頭する学生時代、大学受験教育に情熱を傾ける予備校講師の頃、そして、華麗なる（？）転身を果たして、外資系ベンダーでLinuxエンジニアを生業にするに至るまで、妙な縁が続いて、常にUnix/Linuxサーバーと人生を共にする。その後、Linuxディストリビューターのエバンジェリストを経て、現在は、米系IT企業のSolutions Architectとして活動。

　最近は、機械学習をはじめとするデータ活用技術の基礎を世に広めるために、講演活動のほか、雑誌記事や書籍の執筆にも注力。主な著書は、『[改訂新版] プロのためのLinuxシステム構築・運用技術』『ITエンジニアのための機械学習理論入門』（いずれも技術評論社）、『TensorFlowとKerasで動かしながら学ぶディープラーニングの仕組み』（マイナビ出版）など

■ Staff
本文設計・組版●株式会社トップスタジオ
装丁●オガワデザイン
担当●池本公平
Web ページ● https://gihyo.jp/book/2020/978-4-297-11515-9

※本書記載の情報の修正・訂正については当該 Web ページおよび著者の GitHub リポジトリで行います。

■ お問い合わせについて
● ご質問は、本書に記載されている内容に関するものに限定させていただきます。本書の内容と関係のない質問には一切お答えできませんので、あらかじめご了承ください。
● 電話でのご質問は一切受け付けておりません。FAX または書面にて下記までお送りください。また、ご質問の際には、書名と該当ページ、返信先を明記してくださいますようお願いいたします。
● お送りいただいた質問には、できる限り迅速に回答できるよう努力しておりますが、お答えするまでに時間がかかる場合がございます。また、回答の期日を指定いただいた場合でも、ご希望にお応えできるとは限りませんので、あらかじめご了承ください。

■ 問合せ先
〒 162-0846　東京都新宿区市谷左内町 21-13
株式会社技術評論社　雑誌編集部
「強化学習理論入門」係
FAX　03-3513-6179

あいてい
IT エンジニアのための
きょう か がくしゅう り ろんにゅうもん
強化学習理論入門

2020 年 7 月 30 日　初版　第 1 刷発行

著　者　　　中井悦司
　　　　　　なか い えつ じ

発行者　　　片岡　巌

発行所　　　株式会社技術評論社
　　　　　　東京都新宿区市谷左内町 21-13
　　　　　　電話　03-3513-6150　販売促進部
　　　　　　電話　03-3513-6170　雑誌編集部

印刷／製本　日経印刷株式会社

定価はカバーに表示してあります。

ISBN978-4-297-11515-9　C3055
Printed in Japan